プレイスメイキング・ハンドブック

How to Turn
a Place Around:
A Placemaking
Handbook
by Project for Public Spaces

パブリックスペースを魅力的に変える方法

著　　　プロジェクト・フォー・パブリックスペース
訳・解説　泉山塁威、田村康一郎、一般社団法人ソトノバ
訳　　　秋元友里、小仲久仁香、田邉優里子、原田爽一朗

学芸出版社

この素晴らしい冒険へ導いてくれたウィリアム・"ホーリー"・ホワイトへ、この本を捧げる。

代表執筆者:
Kathy Madden

PPS 出版チーム:
Meg Bradley, Josh Kent, Annah MacKenzie, Katherine Peinhardt, Priti Patel, and Nate Storring.

協力(PPS):
Steve Davies, Elena Madison, Anna Siprikova, Jay Waljasper, and Philip Winn.

協力(ケーススタディ):
Lisa Johanon from the Central Detroit Christian Community Development Corporation; Brian Kurtz from Pittsburgh Downtown Partnership; Veronica Jeffrey from the Metropolitan Redevelopment Authority; Heather Badrak and Bob Gregory from the Downtown Detroit Partnership; Sheryl Woodruff from the Washington Square Park Conservancy; Tracy Gilmour from Sundance Square; Barry Mandel from Discovery Green; Karianne Martus from Flint Farmers' Market; Guillermo Bernal from Lugares Publicos; Bree LaCasse from Friends of Congress Square Park; and Andy Manshel, formerly from the Bryant Park Restoration Corporation.

プロジェクト・フォー・パブリックスペース(PPS)ウェブサイト:www.pps.org

翻訳に寄せて
——日本の読者の方々へ

　本書はあらゆる人にとってごく自然な考え方を示したものです。

　自らがそう思えば、ひとりひとりがプレイスメイカーなのです。プレイスメイキングのプロセスを動かし始め、本書を使って少しでも物事や自身についての理解を深めていく人は、プレイスメイカーです。

　自分自身や他者から学ぶことが、自らの未来をつくることにつながります。それはあなたにとって、素晴らしく感じられるでしょう。自分のものだと思えるようなレガシーを築き、他者と共有することができるのです。

フレッド・ケント
ソーシャル・ライフ・プロジェクトおよび
プロジェクト・フォー・パブリックスペース創設者

訳者まえがき──プレイスメイキングとは何か

泉山塁威

　プレイスメイキングは、近年、日本はもちろん、世界中で注目を集めています。

　プレイスメイキングとは、簡単に言えば「コミュニティを中心にパブリックスペースを再考し、改革するために人々が一緒に集まって描く共通の理念」のことを指します。誰もが一緒に参加して公園や街路などのパブリックスペースをコミュニティの中心として創り上げることを目標とするものです。

　人々が暮らし働くその場所への愛着を強め、そのコミュニティの強化と発展を継続的に支えること。加えて、そのパブリックスペースの利用を通して、心身の健康状態や暮らしの満足度を高めること。生き生きとした社会活動を実現するために、プレイスメイキングの手法は高い実効性を持っています[1,2]。

　ただし、プレイスメイキングの定義は多様です。それは、プレイスメイキング自身が学術的な分野から発達したのではなく、むしろ地域の実践から生まれたという点と、「プレイスメイキングはこうだ」と定義づけしてしまうと、途端に型にはまったものになってしまいがちであるためです。人や地域それぞれのプレイスメイキングがあるという考えが強いと感じています。

　それぞれの地域で、プレイスをどう定義し、目指す目標をどう設定するのかは、地域コミュニティに委ねられています。本書のプレイスメイキングの理念やツールはその手助けをしてくれるでしょう。

　原著の紹介文では、本書は「地域住民から市長まで、成功する場所をつくるための使いやすい、市民感覚のガイド」とされています[3]。プロジェクト・フォー・パブリックスペースが 2000 年に発行し、2005 年に邦訳された初版本の改訂版として、20 年ぶりに日本に舞い降りた本書によって、日本のプレイスメイキングがさらに普及・進化することを願っています。

[1] | Placemaking Japan「実はあなたの周りにもプレイスメイキング !? 世界のプロジェクト 3 選」（ソトノバウェブサイト、https://sotonoba.place/placemakingworld3）
[2] | PlacemakingX「FAQ - Why Placemaking?」（https://www.placemakingx.org/faq#1）
[3] | Project for Public Spaces「How to Turn a Place Around | Publications」（https://www.pps.org/product/how-to-turn-a-place-around-2）

目次

序

プロジェクト・フォー・パブリックスペース

Project for Public Spaces（PPS）は、他に類を見ない影響力のある組織であり、場所を生まれ変わらせるための重要なツールを、長年にわたって提供してきました。『オープンスペースを魅力的にする』[*1] の増補改訂版である本書は、2000 年に初版が出版されてからプレイスメイキングのムーブメントがいかに進んだかについて、詳しく教えてくれます。

アートや地区整備、自然環境の維持管理などいかなる形で場所を扱う場合でも、プレイスメイキングを行うことによってやりたいことの焦点が定まります。プレイスメイキングを通して活気を高め、コミュニティとの情緒的なつながりをつくることができます。パブリックスペースにおける個人的な、または誰かと共有している体験を通して都市や地域とつながりを持てるなら、そこには磁石のような引き寄せる力が生まれます。継続的にそこに貢献したり、投資をしたり、未来を描きたくなるでしょう。これらは、市民による変革の前提条件です。

場所に注目することで異なる視点から課題や機会を見つけることができ、イノベーションや創造へほぼ無限の可能性が開かれます。コミュニティに影響を及ぼす重大な経済的、技術的、環境的、そして人口動態的な変化についていこうとするなら、そのような創造性は不可欠なものです。このような変化は、私たちに想定の再検討やツールの再調整、そして成功要因の再検証を絶えず求めるでしょう。

その傾向は、都市において急激に強まっていくでしょう。都市には、意図しようとしまいとイノベーションのための前提条件が循環し、結びつき、触発されるような、活動やスキル、アイデアの密度が存在します。

そのような複雑なネットワークと多様なサブカルチャーは、厄介な問題に対する非生産的で陳腐化したアプローチを、新しく想像力豊かに生まれ変わらせるでしょう。そこにプレイスメイキングがぴったりはまります。

　この考えをさらに推し進めてみましょう。プレイスメイキングと長期的なコミュニティ計画の新たな融合を生み出すための、完璧な道筋が見えてきます。アメリカの新たな都市のアジェンダの輪郭を描き、真にしなやかな都市を生む可能性をもたらすものです。そのような都市は、不可欠な機能や構造、アイデンティティを保持しながら、変化のストレスを吸収し、順応することができます。そして、しなやかな都市は人間中心のアプローチを採用し、つながりやサステナビリティ、場所の質を築けるようにパブリックスペースを活用していくでしょう。

リップ・ラプソン
クレスギ財団会長

★訳注 1 │ Project for Public Spaces, *How to Turn a Place Around: A Handbook for Creating Successful Public Spaces*, Project for Public Spaces, Inc., 2000.（邦訳:加藤源監訳、鈴木俊治、服部圭郎、加藤潤訳『オープンスペースを魅力的にする：親しまれる公共空間のためのハンドブック』学芸出版社、2005）

はじめに

なぜパブリックスペースがすべての人にとって大事なのかを示す ——このシンプルに思える 3 年間のミッションを掲げ、1975 年にプロジェクト・フォー・パブリックスペース（PPS）は立ち上げられました。しかし、3 年で活動を終了せず、PPS は継続していきました。43 年を超える歴史の中で、47 か国の 3000 以上のコミュニティでプロジェクトを実施し、研修プログラムやカンファレンス、オンラインツールを通して、数えきれないほどの地域に影響を与えてきました。

　コミュニティの知恵があらゆるプロジェクトの基盤になければならず、協働的なプロセスがあらゆる点でプレイス自体と同じくらい重要であるということを、私たちはニューヨーク市での活動初期から学んできました。プレイスメイキングは、PPS がコミュニティの知恵をパブリックスペースの改善に活かすためのアプローチであり、より大きなものにつながる可能性もある——これも私たちが学んだことです。最良のプロジェクトはローカルで小規模な変化から始まりつつ、市や州、さらには国全体を巻き込むより広い運動の触媒になりえます。

　今日、私たちはコミュニティのパブリックスペース改善を直接支援するだけではありません。政策の転換や、素晴らしいパブリックスペースづくりを実現する人々の支援も、一自治体から世界に及ぶスケールで取り組んでいます。すべての PPS のプロジェクトは、研修や考え方の変革、ストーリーの伝え方などを一体的につないだもので、ひとつのパブリックスペースやコミュニティにとどまらず影響が広がるものです。

　PPS のミッションは、今や私たちだけのものではありません。プレイスメイキングの哲学と実践は、はるかに私たちを越えて世界的なムーブメントに拡大しています。プレイスメイキングは、パブリックスペースを変革するだけでなく、社会的な不平等から気候変動に及ぶ今日の最も

差し迫った課題に立ち向かう力をコミュニティに与えるために、いかに強い力となりえるかを、私たちは目にしてきました。

　PPS は最初期から、ウィリアム・H（ホーリー）・ホワイト、ジェイン・ジェイコブズ、マーガレット・ミードなどの優れた研究者やライターの面々にお世話になってきました。ホーリーは特に、私たちのメンターそして友人であり、都市をより住みやすくする方法の多くを、観察の基本ツールを通して学べることを教えてくれました。しかしおそらく、彼の最大の贈り物は、なぜうまくいくパブリックスペースとそうでないものがあるのかの理由を、誰もが見つけられると示してくれたことでした。

　このような強固な基礎を発展させ、この『オープンスペースを魅力的にする』の改訂版を世に出せるのは誇らしいことです。ともにいる人々や場所を心から大切にする人たちに、新たな気づきや刺激を与えられるよう願っています。

キャシー・マデン、フレッド・ケント、スティーブ・デイヴィス
プロジェクト・フォー・パブリックスペース創設者

ニューヨーク州ニューヨーク

テキサス州ヒューストン

パート I
なぜプレイスが重要なのか

世界中のまちが、互いに似通ってきています。地方のまちでさえ、自動車交通が私たちの生活を支配しているため、店舗や建物、街並みは均一化されています。歩くこと、そして歩くことで育まれる楽しいストリートライフは、もはや失われた芸術品のようなものです。

　人々が散歩したり、長居したり、交流するようなストリートや歩道のある、もうひとつの都市を想像してみてください。店主の名前を知っているような、それぞれの個性とスタイルを持った、地元に根ざしたお店を想像してみてください。新鮮な野菜や地元の特産品を提供する公設市場を想像してみてください。1000マイル離れた場所にある建物では代替できない、その場所に根ざした外観と機能を持つ建物を想像してみてください。市民どうしの、文化的、社会的な交流のために誰もが集まる、まちの中心的な場所として賑わう公園や広場を想像してみてください。このような場所こそ、住みやすいコミュニティを考えるときに思い浮かぶ場所であり、多くの人が自分の居場所と呼びたくなるようなまちなのです。

　本書は、特定の種類のコミュニティについて書かれたものではありません。私たちは、規模の大小にかかわらず、すべてのコミュニティに同じ原則が適用されると考えています。すべてのコミュニティは、素晴らしいプレイスの基礎となる素晴らしいパブリックスペースをつくり出す可能性と手段を有しているのです。

★1｜訳出典：ジェイン・ジェイコブズ著、山形浩生訳『［新版］アメリカ大都市の死と生』
　　鹿島出版会、2010、p.90

パブリックスペースの
重要な役割

　最高のパブリックスペースは、活気のあるコミュニティライフの拠点としての役割を担います。すべての広場がタイムズスクエア[1]である必要はありませんが、誰も利用しないパブリックスペースからは誰も恩恵を得ることはできません。リラックスして安らげると考えられがちな場所は、思っている以上に利用されている場所なのです。

　最もインパクトのあるパブリックスペースは、1日中、1年中、さまざまな時間帯に、さまざまな人によって、さまざまな目的で利用されます。なぜなら優れたパブリックスペースは、多くの人々の生活に関係し、多くのことを実現し、地域や世界の問題が非常にたくさん集約される場所であるためです。パブリックスペースは、私たちの家、会社、組織、そしてより広い世界との接点であり、関係性を生じさせる場所です。例えば、私たちが通勤し、用事を済ませ、そして帰宅するときにも関わるもので、売買をしたり、出会い、遊び、すれ違いざまに誰かに触れ合う場所でもあります。パブリックスペースは、私たちの怒りと高い志を伝え、同時に必要不可欠なインフラを整備するための場所でもあります。私たちはパブリックスペースを、創造、表現、実験のための媒体とすることができるのです。

　つまりパブリックスペースは、多くのコモンズの悲劇と勝利が繰り広げられる場所なのです。だからこそ、それを正しく理解することが重要なのです。通過交通を促したり、パブリックスペースをきれいに見せたりといった、ただひとつのことに注力すると、他の多くのことはうまくいかなくなります。パブリックスペースは人々によく使われ、愛されることで、幅広い便益をもたらすことができます。コミュニティどうしのつながりが生まれて、より多くのことができるようになり、個人は健康かつ安全に過ごすことができ、周辺の経済は活発になるのです。

よいプレイスは、強く、多様なコミュニティを築く

　優れたパブリックスペースは、社交的な場所でもあります。ふつう、多様な人々を惹きつける場所にはグループでいる人の割合が多く、またレジャー活動が盛んな場所は、社交的な出会いが多い傾向にあります。このような計画的、偶発的な日常の交流が、コミュニティの活力の源となっています。

　コミュニティの構築という点では、対象となる場所そのものだけでなくプレイスメイキングの過程も重要です。グループで観察し、議論し、デザインし、パブリックスペースを維持することで、見知らぬ人たちが出会い、信頼を築き、ビジョンを描き、共有する場が生まれます。そのこと自体にも価値がありますが、プレイスメイキングによって蓄積されるネットワーク、帰属意識、コミュニティの力は、他の多くの利益を生み出す土台となります。

よいプレイスは、公衆衛生と安全を向上させる

　社会的孤立は、私たちのコミュニティの多くで蔓延しています。うつ病や不安神経症、孤独感などを引き起こすだけでなく、手を差し伸べればすべてが好転するようなときにも、人々を危険なほど孤立していると感じる状態に陥らせてしまいます。つまり、プレイスメイキングの過程から醸成されるソーシャル・キャピタル★2 は、私たちの心身の健康の礎となるものなのです。

　優れたパブリックスペースは、遊びやレクリエーションの機会も提供します。複数の地域を、ただ通り過ぎるだけの空間ではなく、目的地となるプレイスの連続にすることで、歩行やサイクリングの割合も高まります。ストリートはその最たるものです。ストリートを車の通り道としてではなく、人のための場所として考えることで、人々の移動手段が多様化し、街並みが豊かになるだけでなく、世界中の都市部で発生する驚異的な

数の交通事故死を減らすことにもつながります。

　パブリックスペースにおいて自然と人間の利用の適切なバランスを見つけることは、公衆衛生にも大きな利益をもたらします。例えば、コミュニティガーデンやファーマーズマーケットなど、人々が緑と触れ合う機会を設けることで、ストレスやそれに伴う精神的な問題を軽減したり、公園を健康的な食の拠点に変身させたりすることができます。

よいプレイスは、地域経済を動かす

　ニューヨークではメインストリートからウォールストリート[3]まで、多様な規模や種類の店が集まる場所が、私たちのワーキングライフを魅力的にしています。大小さまざまなコミュニティで、活気あるパブリックスペースは新しいビジネスを生み出すのに欠かせない人の往来を促します。低い経費と有能な管理者、さらには売り手と企画が組み合わさることで、パブリックマーケット（公設市場）はひとりで販売するよりも集客力を持ちます。

　最近の研究では、高度技術の革新においても場所の重要性が指摘されています。研究開発ラボ、論文や特許の共同研究者、ベンチャーキャピタルへの投資、その他多くの革新的な活動はすべて、近隣住区またはそれ以下の規模に集積しています。多くの都市ではこのような地域を「イノベーション地区」と呼びますが、そこではパブリックスペースでの交流、仕事、学習が一体となり、経済的なつながりを強化し、結びつけています。

　最後に、各世帯や地域社会内の生産、分配、消費活動を継続させる経済圏（コアエコノミー）も重要です。パブリックスペースは、私たちの家庭の営みや家族を養う労力を軽減することにも役立ちます。食料やその他の必需品を手に入れることができ、子どもたちは安全に徒歩で通学したり、屋外で遊んだりできます。そして、隣人どうしが作業や物資を分け合うことができます。このようなありふれた無報酬の労働がなければ、

多くの営みが止まってしまうでしょう。しかし、私たちは不十分なパブリック領域においてそういったことが日々軽視されているのを当然のことと思ってしまっています。

よいプレイスは、自然環境をよりよくする

　私たちにとって優れたパブリックスペースは、環境にとってもよい側面を持っています。徒歩や自転車での移動が増れれば、車での移動は減ります。近くで育てられた健康的な食材を食べれば、地域の食料システムは強化されます。困ったときに隣人を頼ることができれば、気候変動に伴って増加する暴風雨、洪水、熱波に対して、コミュニティはより強くなります。同じパブリックスペースでも緑のある場所はストレスを軽減し、私たち人間の使い勝手を損なうことなく、生物多様性にも貢献することができます。

　おそらくプレイスメイキングが最も環境に貢献できることは、生態系とコミュニティの間に新しくポジティブな関係を生み出すことでしょう。「純粋な」生態系を個々に再現しようと努力するのではなく、パブリックスペースはスチュワードシップ[★4]の文化が始まる場所になりえるのです。

★訳注1｜ニューヨーク市マンハッタン区中央部にある交差点部分。市内最大の繁華街であり、高層ビルが立ち並び、ネオンや広告、来訪者であふれている。
★訳注2｜ソーシャル・キャピタルもしくは社会関係資本とは、個人や組織が他の人々との関係やネットワークを通じて得ることのできるリソースや利益を指す。
★訳注3｜ニューヨークのメインストリート（固有名詞）は小規模、家族経営などの小売店が多く、一方でウォールストリートは株式市場関連や投資銀行が集まる通り。
★訳注4｜それぞれが自発的にパブリックスペースの維持管理に関わること。スチュワードとは、責任を持ってそのプレイスを手入れ・管理する人のこと。（参考：Placemaking Japan「Project for Public Spaces から学ぶホンモノのプレイスメイキング・実践編! PWJ2021 #7」ソトノバウェブサイト、https://sotonoba.place/placemakingweekjp07)

プレイスを素晴らしいものにするのは何か？

ウィリアム・H・ホワイトは、パブリックスペースの研究において、優れた場所の重要な指標を見出しました。このような場所では、グループで行動する人の割合が高く、多様な活動が行われています。人々が親しみを示し合うことで、そこに来る誰もが歓迎されていると感じます。

　人々がそのような場所について説明するとき、「安全だ」「楽しい」「友好的だ」といった言葉が繰り返し出てきます。これらの形容詞は特定の空間の抽象的な性質を表しています。これは既存の統計や定量的な調査によって測定することができます。

　世界中の3000以上のパブリックスペースを調査した結果、PPSは、パブリックスペースにおける行動、感情、そして測定可能な指標を生み出す4つの重要な性質を発見しました（右図のプレイス・ダイアグラムを参照）。優れた場所は、社交的で、さまざまな用途や活動があり、周囲の環境とうまくつながっていて、快適で友好的です。最も成功しているパブリックスペースは、常にこの4つの特徴を備えています。

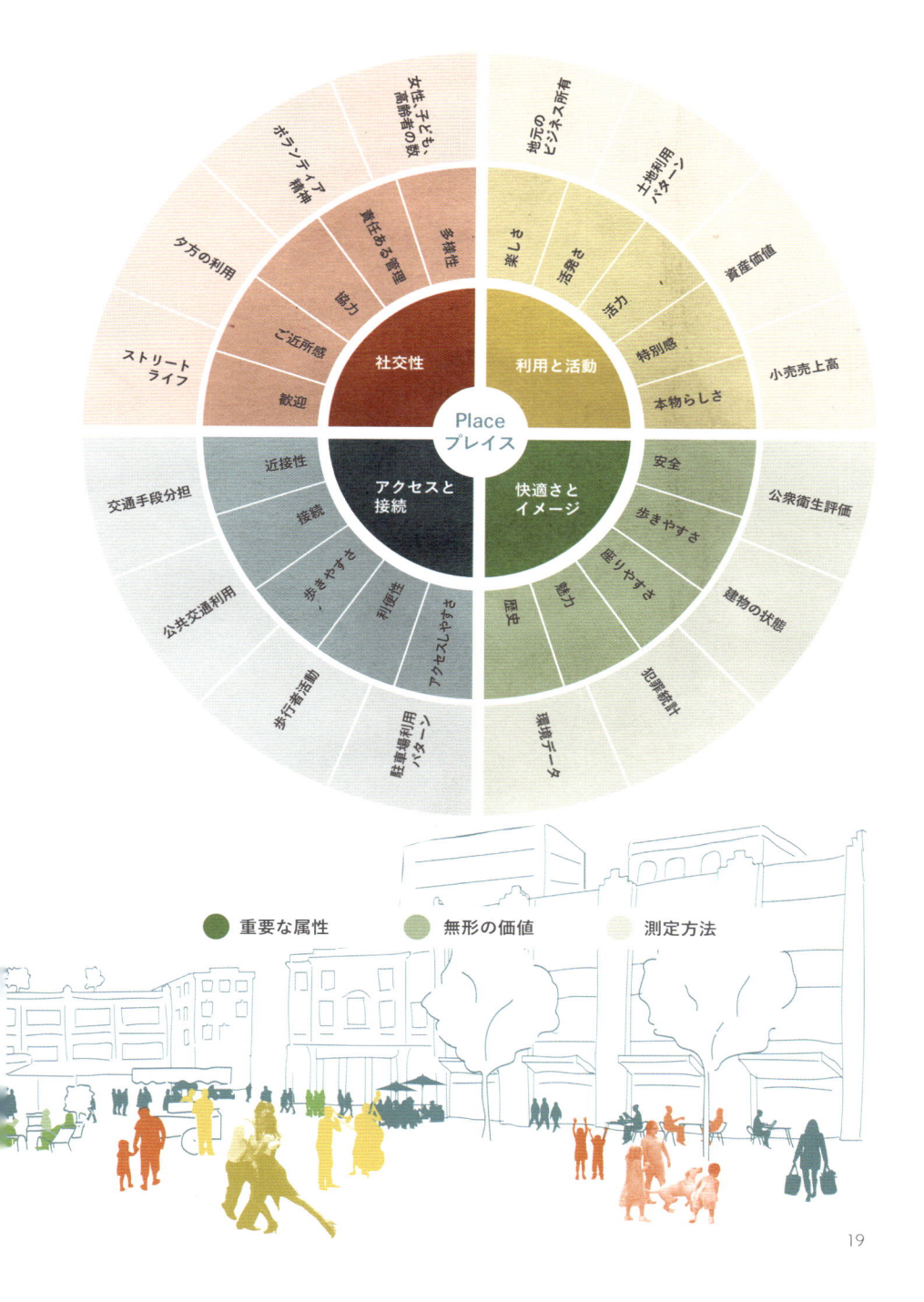

重要な属性　　無形の価値　　測定方法

アムステルダム（オランダ）

ロードアイランド州プロビデンス

アクセスと接続

アクセスとは、視覚的にも物理的にも、その場所が周囲とどれだけうまくつながっているかを意味します。アクセスしやすい場所とは、徒歩や自転車で便利に行ける場所です。公共交通はコミュニティの近くにあるべきです。もし、ない場合は、駐車場の回転率を高めることで、駐車場に多くの場所を割かなくてもアクセス性を確保することができます。

利用と活動

アクティビティは、優れた場所の基本的な構成要素です。それが、人々が真っ先にその場所を訪れる理由や、再び訪れる理由なのです。また、アクティビティは、その場所を特別なもの、ユニークなものにします。何もすることがないと感じる場所は、空虚で使われなくなってしまうでしょう。それは、何かを変える必要があるという証です。

パリ（フランス）

ハバナ（キューバ）

快適さとイメージ

パブリックスペースが成功するかどうかは、人々がその場所を快適だと感じ、ポジティブなイメージを持ち続けられるかどうかにかかっています。これには、安全性、清潔さ、座る場所の有無などが含まれます。人々に好きな場所に座る選択肢を与えることの重要性は、いくら強調してもしすぎることはありません。

社交性

社交性を育むパブリックスペースには、まぎれもなく特別なものがあります。友人に会い、隣人に顔を合わせ挨拶を交わし、見知らぬ人たちとも気持ちよく交流することができれば、人々は自分の住んでいるコミュニティやパブリックスペースに対して、より強い帰属意識と愛着を抱くようになります。

やってみよう　　プレイスを素晴らしいものにするのは何か?

アクセスと接続

検討事項

- その場所まで歩いて行きやすい
か?歩道は隣接する地域とつな
がっていて、歩行者にとって利便
性のいいアクセスとなっている
か?

- その場所は、あらゆる年齢層や
障がいのある人々にとって機能す
るか?

- 隣接する建物の居住者はその場
所を利用するか?

- バス、電車、自動車、自転車など、
さまざまな交通手段がその場所
にアクセスできるか?

目に見える問題点

- 道路を横断する歩行者にとって、
自動車交通は妨げになっていな
いか?人々は歩道か舗装されてい
ない場所のどちらを歩いている
か?

- 自転車がその場所や周辺で利用
されているか?

- 店先や地上階の用途は連続し、
つながりが見られるか?快適な歩
行環境をつくり出しているか?

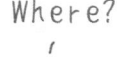

アクセスと接続を評価する方法

- 交通手段の分担と公共交通利用: 地域のシャトル交通、バス、電車、フェリー、その他の交通機関から利用者データを収集する。

- 交通データ：自動車の交通速度と交通量、および車両占有率のデータを収集する。

- 歩行者の活動：歩行者と自転車の数をカウントする。

- 駐車場利用パターン：駐車場の使われ方、需要および回転率を測定・分析する。

アクセスと接続を改善するための短期的な方法

- 歩道を広げるか、一時的に歩道を延長して、歩行者、それ以外の利用者、または他の交通手段とのバランスをよくする。

- 見えやすく示された横断歩道を便利な位置に設置する。

- 自転車レーン、ロッカー、収納ラックなど、自転車利用者のための設備をつくる。

- 歩行者が機能的かつ視覚的な連続性を感じられるよう、空き地に複数の用途や構造物を設ける。

- 歩行者のアクセスを改善するために交通信号のタイミングを変更する。標識、取り締まり、規制の変更を通じて駐車場の利用を改善する。

- 斜め駐車のために道路の白線を引き直す。

やってみよう　プレイスを素晴らしいものにするのは何か？

利用と活動

検討事項

- どのくらいの人数が場所を利用しているか？

- 幅広い年齢層の人々が利用しているか？

- 人々はグループで利用しているか？カップルか、友人どうしか、家族連れか、小規模か大規模か？

- どの部分が使われ、どの部分が使われていないか？

- どのような活動が行われているか？

- ある場所から別の場所に行くのは容易か？

- 管理者はいるのか、もしくは誰かがそのスペースを管理しているかわかるか？

目に見える問題点

- 1日中いつでも賑わっているか？

- 互いに関連のある集いの場所と活動はあるか？

- 座る場所はあるか？

- さまざまなタイプや規模のイベントに対応しているか？

利用と活動を評価する方法

- 地元事業者のビジネス形態と小売売上高：対象となる場所の周辺の小売販売に関するデータを確認する。

- 土地利用：隣接する土地の用途や施設を調査し、人々惹きつけているものを見極める。

- 不動産価値：現在の不動産価値と過去の変動に関するデータを収集する。

- 人の往来：対象地内のさまざまな場所、時間帯、曜日における人の往来を測定する。人々がどのようにその空間を利用しているかを調査する。

利用と活動を改善するための短期的な方法

- 人々が望む活動が実現できるようなアメニティ[1]や機能を提供することで、中心的な拠点をつくる。

- コミュニティの人々を魅了する企画を考案する。

- 隣接する不動産所有者や小売業者と協力し、空きビルの1階を賃貸して地域の活性化につなげる戦略を立てる。

★訳注1｜公共空間を快適に、また便利にする機能や設備のこと。例えば、ベンチや日除け、屋台など。

やってみよう　　プレイスを素晴らしいものにするのは何か？

快適さとイメージ

検討事項

- よい第一印象を与えているか？

- 日向と日陰で、座る場所は選べるか？利用者は天候の変化から守られているか？

- 清潔で、ゴミは落ちていないか？メンテナンスの責任者は誰か？

- 安全か？警備員はいるか？いる場合、その人たちは何をしているか？いつ勤務しているか？

- 人々は写真を撮っているか？写真を撮りたくなる機会は多いか？

- 車両が歩行者の空間を独占していないか？もしくは、車両が歩行者のスムーズな移動を妨げていないか？

目に見える問題点

- 快適に座れる場所はあるか？

- 友好的、魅力的、安全だと感じられるか？

- 歩行者にやさしい場所か？

- よく整備され、清潔か？落書きや破壊行為の跡はあるか？

快適さとイメージを評価する方法

- 衛生面の評価：清潔さについて利用者の意見を集める。

- 建物の状況：周辺の建物の築年数を含む状況に関する入手可能なデータを十分に調べる。

- 犯罪統計：犯罪件数と苦情を十分に調べる。

- 環境データ：対象の場所がどれほど安全かつ魅力的かについて、人々の認識を調査する。座れる場所など、アメニティの利用状況を観察する。

- 例えば座れる場所、屋台、パブリックアートといった、トライアンギュレーション★2の機会をつくり出すためのアメニティを利用する。

快適さとイメージを改善するための短期的な方法

- 露店や、フードキオスク・インフォメーションキオスクの設置、対象の場所でのアクティビティの提供などを通じて、管理者の存在感を強化する。

- 施設の日常的な清掃や予防的メンテナンスなどにより、維持管理を向上させる。コミュニティ・ポリス・プログラム★3を確立する。

★訳注2｜ウィリアム・H・ホワイトが提唱した手法。詳細は本書パートⅡ「プレイスメイキングの11の原則」の8「トライアンギュレーションする」を参照。

★訳注3｜アメリカにおける取り組みで、住民の参加・協力を求めつつ、住民と一体となった警察活動を行おうとするもの。

やってみよう　　プレイスを素晴らしいものにするのは何か？

社交性

検討事項

- この場所はあなたが友人との集合場所に選ぶ場所か？他の人たちはここで友達と集まったり、出くわしたりしているか？

- 人々はグループで来ているか？

- 人々はその場所（または施設）を定期的に、自分の意志で利用しているか？

- 利用者どうしは顔見知りか、または名前を知っているか？

- 人々は友人や親戚を連れてその場所を見に来るか？彼らは得意げにその場所の特徴を紹介しているか？

- 年齢や民族が混在しているか？（一般的に地域社会全体を反映する指標となる）

- ゴミを見かけたら拾う傾向があるか？

- 人々はその場所に入ったとき、歓迎されていると感じているか？見知らぬ人と目を合わせたり、会話を交わしたりしているか？

目に見える問題点

- 人々は他の利用者と交流しているか？

- その場所はさまざまな時間帯、曜日、異なる季節にも利用されているか？

社交性を評価する方法

- 女性、子ども、高齢者の数：利用者の統計データを収集する。

- ボランティア活動：その場所で定期的に活動しているボランティアグループを調査する。

- 夜の利用：公式・非公式問わず、夜間にどれだけのイベントが行われているか、企画のデータを収集する。

- ストリートライフ：さまざまな時間帯、曜日、年間の活動をマッピングする。

社交性を改善するための短期的な方法

- 多様な活動に対応できるような中心的な場所、もしくは集会場所を考案する。

- 社交を促すようなアメニティ（ベンチ、移動可能な座席など）を配置する。

- 人々を引き寄せられるような特別なイベントや活動を催す。

- 地域のボランティアに場所の改善や維持を手伝ってもらう。

- 多様な人々を惹きつけられるよう、隣接する建物にさまざまな用途を持たせる。

パワーオブ 10＋
──10か所以上の要素を掛け合わせる

都市をよいものにするためには、人々を引き寄せる魅力的な目的地が不可欠です。コミュニティに独自性を与え特徴づけることができる目的地は、新たな居住者、企業、投資を惹きつけることにつながります。

　よい場所は、人々がそこに居たくなるような理由が多いほど豊かになるものです。座る場所、楽しい遊び場、アートに触れられる場所、音楽が聞こえるところ、食事をするところ、歴史を体験することができるところ、誰かに会うところなど、そういった場所に引き込まれようとなかろうと、不特定多数の人に何かを提供する空間は、多くの人を魅了する傾向にあります。各都市や地域にはまず 10 か所以上の主要な目的地があり、その目的地ひとつひとつが 10 か所以上のプレイスで構成され、さらに各々のプレイスに 10 個以上のアクティビティが用意されていることが望ましいです。この考え方を、「パワーオブ 10＋」といいます。

　プレイスメイカーの役割は、小規模な場所から、都市や地域のより広いレベルに至るまで、コミュニティにおいて人々が何をすべきか考えるよう促すことです。近所に質の高い場所はいくつあり、どのようにつながっているのか？ といった質問に答えることで、住民やステークホルダーは、どこに力を注ぐべきかを判断することができます（パワーオブ 10＋ ワークは p.158 を参照）。

　パワーオブ 10＋ は、住民やステークホルダーに都市生活の活性化への意欲を高める容易な枠組みを提供し、小さな規模から始めて大きなことを成し遂げる方法を示してくれます。また、この概念は人々に具体的な目標を与え、自分たちのコミュニティを素晴らしいものにするために何が必要かを可視化するのに役立ちます。

➔

ブライアントパークの噴水エリアは、公園内に数あるプレイスのひとつにすぎない。そして、ブライアントパークはニューヨークに数ある目的地のひとつにすぎない。

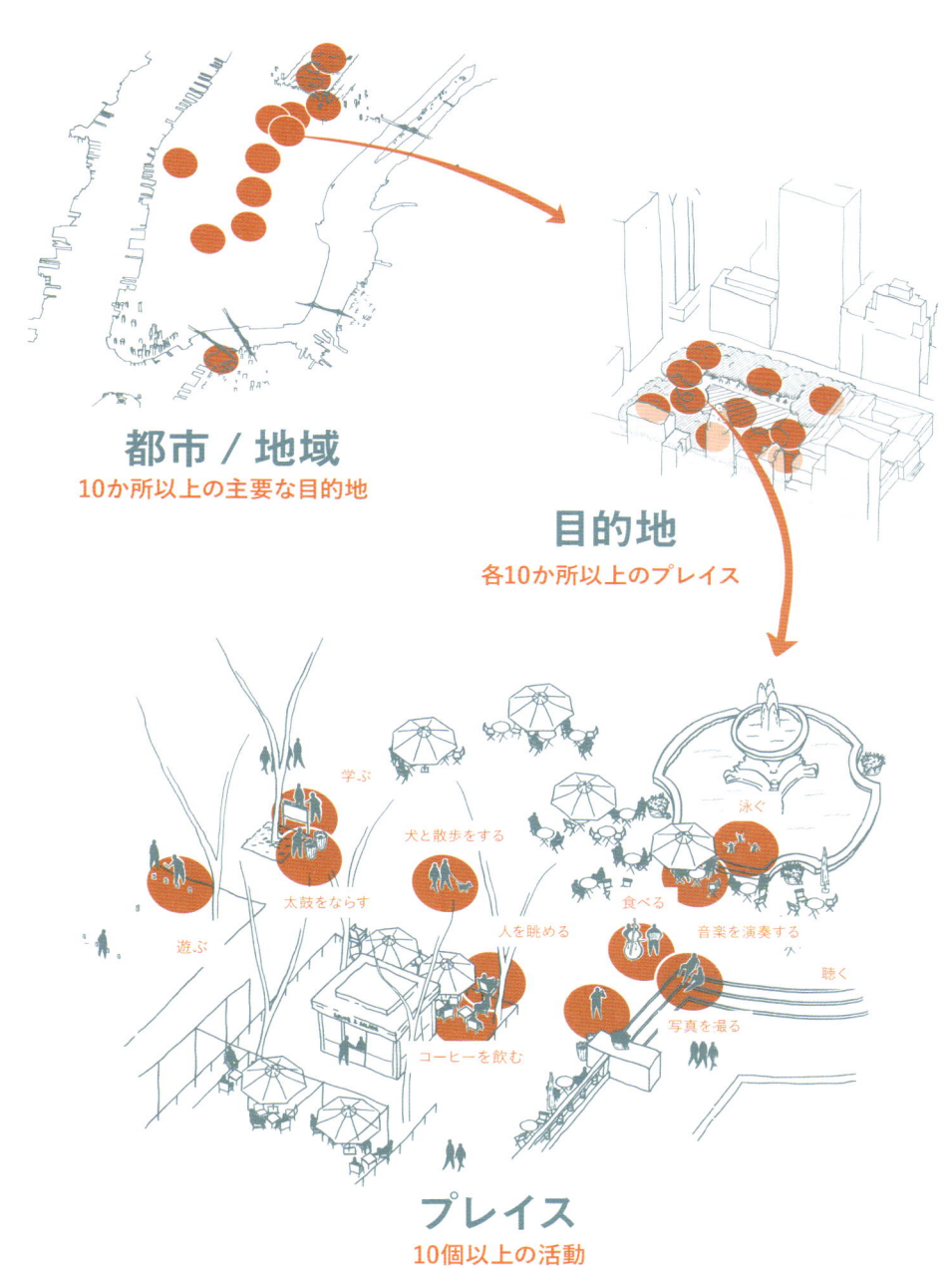

都市 / 地域
10か所以上の主要な目的地

目的地
各10か所以上のプレイス

学ぶ

犬と散歩をする

太鼓をならす

泳ぐ

遊ぶ

人を眺める

食べる

音楽を演奏する

聴く

写真を撮る

コーヒーを飲む

プレイス
10個以上の活動
（それぞれの活動が掛け合わさり、相乗効果を生み出す）

パブリックスペースはなぜ
失敗するのか

残念ながら、すべてのパブリックスペースが人々のための場所としてうまく機能しているわけではありません。危険なストリートや歩道、ゴミが散乱した区画、何もすることのない空っぽの広場、整備されていない駅、女性や子どもが危険と感じる公園などは、コミュニティのウェルビーイングに何の貢献もしません。

　多くのパブリックスペースは、見られる分にはよいが、触られないようにと、意図的にデザインされているように見えます。整然としていて、清潔で、何もない——まるで、人がいなくても問題なしと言っているかのように。しかし、パブリックスペースに人がいなかったり、荒らされていたりする場合、それは一般的に設計や管理、あるいは両方が間違っているのです。

　ウィリアム・H・ホワイトはかつてこう述べています。「場所さえよければ、人を引きつけないような空間をデザインするほうがむしろむずかしい。驚くことに、そのむずかしいことが、なんと多く実施されていることだろう。」（訳出典：ウィリアム・H・ホワイト著、柿本照夫訳『都市という劇場』日本経済新聞社、1994、p.114）

　失敗したパブリックスペースには特定の傾向があります。例えば、座るのに適した場所の選択肢が十分ではない、アクセスしやすい入口や集まる場所がない、アメニティが機能していない、境界部分に賑わいがなく魅力に欠ける、といったことです。以下の写真では、失敗したパブリックスペースのよくある問題を説明し、簡単な解決策を提示しています。

座りやすい場所の不足

テキサス州ヒューストン

 **悪い例**

座れる場所が少ないと、空間の価値が損なわれます。その質は、量と同じくらい重要です。快適で便利に座れる場所をつくることが必須です。

リュクサンブール公園／パリ（フランス）

＋ よい例

日向と日陰のどちらに座るかを選べるようにすると、場所の使い勝手が格段に向上します。日差しや風は1日を通して変化するため、可動式の椅子は非常に重要なアイデアです。

集まれる場所の不在

— 悪い例

人々は、長居したり交流したりする場所を切望しています。たとえ座れる場所が用意されていても、互いに関わりが生じないような座り方を強いられることもあります。さらに悪いことに、人々が登ったり、遊んだり、座ったりすることを禁じている彫刻もあります。

ラ・ヴィレット公園／パリ（フランス）

＋ よい例

人は自然と、何かが起きている場所に引き寄せられます。食べ物と可動式の椅子は、うまく集まれる場所の重要な構成要素になっていることがよくあります。

カリフォルニア州ラグーナ・ビーチ

魅力に欠けるエントランスと見通しの悪い空間

プライアントパーク（階段の改修前）／ニューヨーク州ニューヨーク

⊖ 悪い例

このような暗くて狭いエントランスは、人を招き入れるどころか、締め出してしまいます。

プライアントパーク（階段の改修後）／ニューヨーク州ニューヨーク

⊕ よい例

同じエントランスでも、魅力的で開放的なデザインに修正することができます。例えば公園内部への見通しをよくし、可動式の椅子やキオスクのようなアメニティを配置します。

機能していない造形物

⊖ 悪い例

単に空間を区切るために造形物がデザインされていることを非常に多く見受けます。周囲の活動を促すような機能的なものではなく、視覚的な用途として設置されています。

バルセロナ（スペイン）

⊕ よい例

このカラフルな竜のような造形物は、人々を夢中にさせ、体験型の遊びに導きます。

バルボア公園／カリフォルニア州サンディエゴ

不適切に計画された小径

アリゾナ州フェニックス

― 悪い例

行きたいところに行けない小径。ましてや、どこにもつながっていない道は役に立ちません。

リュクサンブール公園／パリ（フランス）

＋ よい例

人を引き寄せたり、立ち止まらせたり、リラックスさせるような小径をつくるには、技術が必要です。

自動車に占領された場所

⊖ 悪い例

自動車に占領された空間には横断歩道がなかったり、道幅が広すぎたり、交通の速度が速すぎたりします。歩道が狭すぎたり、まったくなかったりすることもあります。

パリ（フランス）

➕ よい例

歩くことは簡単、安全、かつ快適な活動であるべきです。

ブエノスアイレス（アルゼンチン）

境界部分の無機質な壁

グッゲンハイム美術館／ビルバオ（スペイン）

― 悪い例

無機質な壁は、空間の活性化に何の貢献もしません。

ヴェローナ（イタリア）

＋ よい例

パブリックスペースを成功させるためには、そのスペース自体のデザインや管理と同様に、その周辺の活気ある利用が重要です。

不便な場所にある公共交通の乗り場

— 悪い例

アクセスしづらかったり、利用者が少なかったりする場所に乗り場があっても、利用を促す効果はほとんどありません。

テキサス州サンアントニオ

＋ よい例

賑やかで活気のある場所に公共交通の乗り場があれば、その場所はさらによくなり、利用者も増すでしょう。

アムステルダム（オランダ）

何も起こらない場所

シティホールプラザ／マサチューセッツ州ボストン

― 悪い例

野外映画、マーケット、ストリート・フェスティバルのようなプログラムやアクティビティが不足していると、空虚で寂しい空間になってしまいます。

フェデレーションスクエア／メルボルン（オーストラリア）

＋ よい例

プログラムと食事、そして適切なアメニティがあれば、広場を活気あふれる場所にすることができます。

なぜ、よりよいパブリックスペースがないのか？

なぜ私たちは多くのパブリックスペースが失敗する理由を知っているのに、同じ過ちを繰り返すのでしょうか？

　地域の公園、大通り、バス停、公共施設について考えることから始めましょう。どうすればもっと魅力的で、親しみやすく、使いやすくなるでしょうか。信号機のタイミングを改善する、横断歩道や座れる場所を適切な場所に設ける、足りない機能や施設を補うなど、おそらくたくさんのアイデアがあるはずです。

　さて、あなたはこれまで、自分が地域のためにやりたい！と思ったアイデアの実現に、行政やデベロッパーが協力してくれた経験がありますか？なかなかそんなことは見られません。しかし、スタジアムやコンベンションセンター、ショッピングモールや高速道路のバイパス、無表情なオフィスビルやマンションなど、行政やデベロッパーがあなたの地域での新しい「プロジェクト」を紹介し、それについてあなたの意見を求めることはあったのではないでしょうか。

　これは私たちが「プロジェクト主導型」手法と呼ぶものの一例です。ほとんどの自治体で使われている手法ですが、素晴らしいパブリックスペースが生まれることはほとんどありません。この方法がコミュニティにとってよくないと言っているつもりはありません。この方法でプロジェクトを進めることは可能です。しかし、この種のプロジェクトはコミュニティがどのような場所を望んでいるかという議論に発展することはめったにありません。なぜならボトムアップではなく、トップダウンの手法であるためです。

　だからこそ、私たちはよく、物事を正しい方向に進めるためにはすべてを逆さまにする必要があると伝えています。

パブリックスペースに対するプロジェクト主導型手法の**4大欠点**

1　**コミュニティが持つ地元に関する知識やノウハウが活かされない。**代わりに人々は、地域の歴史や状況を考慮していない可能性のある計画に対して、意見を述べるよう求められることがあります。計画は、専門用語を使って詳細に説明されることが多く、専門家以外の人は意見を述べることをためらってしまいます。

2　**コミュニティへの働きかけは、手遅れになるまで行われない。**近隣住民の意見が求められるのは、すでにプロジェクトが計画された後です。住民は既存の計画提案に反応することしかできず、本当にその地域に必要なものについてのアイデアを共有することはできません。

3　**プロジェクトは通常、長い期間をかけて実施されるような大規模なものとなる。**そのため、コミュニティはプロジェクトがどのようなフェーズにあるのかを見失い、やる気を失ってしまいます。対照的に、すぐに実施でき、費用も少ない小規模な改善はすぐに結果が見えるため、人々が関わり続けることができます。

4　**コミュニケーション不足と一貫性のない目標は、しばしばトップダウンのパブリックスペースのプロジェクトを難航させる。**公共事業、都市計画、公園、交通など、市の諸機関は互いに協力し合うのではなく、単独で仕事をする傾向があります。一緒に取り組めば、より効率的なプロセスとよりよい成果を生み出すことができるはずです。

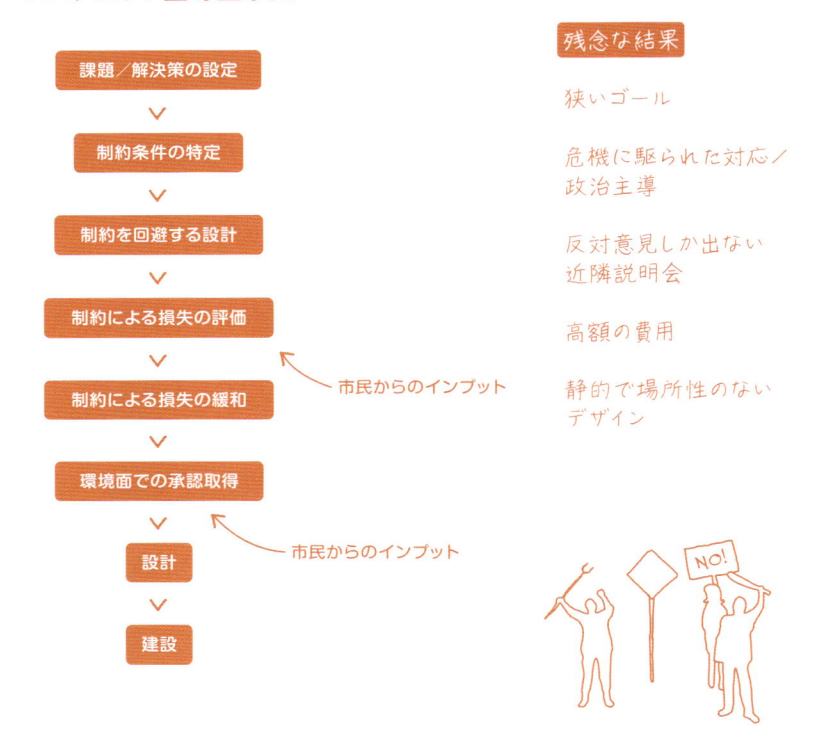

プロジェクト主導型手法

- 課題／解決策の設定
- 制約条件の特定
- 制約を回避する設計
- 制約による損失の評価 ← 市民からのインプット
- 制約による損失の緩和
- 環境面での承認取得 ← 市民からのインプット
- 設計
- 建設

残念な結果

- 狭いゴール
- 危機に駆られた対応／政治主導
- 反対意見しか出ない近隣説明会
- 高額の費用
- 静的で場所性のないデザイン

　典型的なプロジェクト主導型の事例は次のようなものです。とあるまちで議会が、近隣の公園にコミュニティセンターを建設することを決定しました。近隣のニーズを満たすことは事実ではありますが、それはコミュニティ主導型の行動ではなく、議会のプロジェクトでしかありません。このような手法では、地域住民が最も関心を持っている話題に触れられることなくプロジェクトが進みます。例えば公園周辺の道路の交通量が多く、危険なため、子どもたちが公園まで自転車で行けないなどの安全性に関する意見です。

　このように、地域にとって本当に重要なトピックが議論から除外されてしまいます。さらに、このプロジェクトのプランナーたちは、交通速度を抑制し、歩行者と自転車の安全性を向上させる方法を検討することに

プレイスメイキング手法

ポジティブな結果

コミュニティの強化

パートナーや地域資源および
クリエイティブな解決策の誘引

利用をサポートするデザイン

フレキシブルな解決策

関わりと貢献の促進

自律的な管理

場の設定と関係者の特定

∨

空間の評価と課題の特定

∨

プレイス・ビジョンの策定

∨

短期の実験

∨

継続的な評価と長期的な改善

気づいていません。数年後、コミュニティセンターが建設されますが、交通量の多い道路を横断するのは困難なため、想定に反して、その場所は子どもたちにほとんど利用されません。

　残念なことに今日、ほとんどの都市でパブリックスペースを管轄する行政の担当者がいないという現実があります。専門家がそれぞれ限られた分野でしかコミュニティと活動していないと、素晴らしいパブリックスペースをつくりあげるという私たちの共通目標が見過ごされてしまいます。この現状を変えるためには、公共のあり方について直接的、積極的かつ総合的に取り組まなければいけません。

　プレイス主導による、異なる手法を試してみてはどうでしょうか？

パートⅡ
プレイスメイキングの
11の原則

プレイスメイキングとは、コミュニティに健康、幸福、そして社会的つながりをもたらすためにきわめて重要なパブリックスペースを創造するために、人々が協力し合うプロセスです。このレンズを通して身近な場所に目をやることで、公園、近隣、ストリート、中心市街地、水辺、広場、市場、キャンパス、公共施設やその他の共有スペースの新たな可能性が見えてきます。

プレイスメイキングは新しいアイデアではありません。PPS は 1990年代半ばから一貫して「プレイスメイキング」という言葉を使って自らのアプローチを説明するようになりました。ですが、プレイスメイキングの背景にある考え方は、ジェイン・ジェイコブズやウィリアム・H・ホワイトといった PPS の師といえる人たちが、自動車やショッピングセンターだけでなく、人々のための都市をデザインするという画期的なアイデアを紹介した 1960 年代に広まりました。

彼女らは、活気ある地域と魅力的なパブリックスペースの社会的・文化的重要性に焦点を当てています。ジェイコブズは、今では有名な「街路に向けられる目」という考え方を通じて、市民が街路のオーナーシップを持つことを奨励し、ウィリアム・H・ホワイトは、パブリックスペースに活気ある社会生活（ソーシャルライフ）を生み出すための重要な要素をまとめました。1975 年以来、PPS はこれらに加え他の先駆的アーバニストたちの知恵を、包括的なプレイスメイキングのアプローチに取り入れてきました。

プレイスメイキングは PPS の取り組みや使命の中核をなすものですが、私たちはそれを私たちの財産として商標登録しているわけではありません。それは、素晴らしいプレイスを創造することに真摯に取り組み、強い場所性があらゆる場所の個人やコミュニティの物理的、社会的、感

情的、生態学的な健全性にどのような影響を与えるかを理解する、すべての人のものです。私たちは、コミュニティ主導のボトムアップ型の手法としてのプレイスメイキングを守り、実践し、啓発し続ける責任を感じています。これを成功させる過程には、あらゆるレベルにおける優れたリーダーシップと行動が必要です。リーダーはすべての答えを持っている必要はないし、持っているべきでもありませんが、このことを認め、実験と協働の場を提供することで、さらに力強いプレイスメイキングを展開することができます。

"ある場所に注目すると、あらゆることに違った方法で取り組むことができる"

—フレッド・ケント
プロジェクト・フォー・パブリックスペース創設者

　プレイスをつくるということは、建物を建設したり、広場を設計したり、商業開発をすることとは異なります。より多くのコミュニティがプレイスメイキングに取り組み、より多くの専門家やデベロッパーが自分たちの取り組みを「プレイスメイキング」と呼ぶようになるにつれ、そのプロセスの意味と一貫性を維持することが重要になってきます。優れたパブリックスペースは、その物理的な特質だけでは測ることができません。また、常に形態よりも機能が優先される重要なコミュニティ資源として、人々の役に立つものでなければいけません。あらゆる年齢、能力、社会経済的背景を持つ人々が、その場所にアクセスして楽しめるだけでなく、その場所の独自性、創造、維持にとって重要な存在であるとき、私たちは本物のプレイスメイキングの実践を目の当たりにすることになります。
　場所には物理的、社会的、生態学的、文化的、さらには精神的な特質がさまざまな形で絡まりあっていることに、プレイスメイキングでは十分留意します。私たちは、世代を超えてこの手法の普及に努めてきた先見の明のある人たちから常に刺激を得ています。

プレイスメイキングが持つメッセージや使命は、個人やひとつの組織を超越したものです。PPS はプレイスメイキングを支える中心組織として、このプレイスメイキングの運動を支援し、ネットワークを拡大し、私たちの経験とリソースを世界中のプレイスメイカーや盟友たちと共有することに専念しています。

　長年の活動を通じて、私たちは素晴らしいプレイスをつくり出すためのいくつかの原則を発見しました。それは私たちの活動の指針となり、大小を問わず他のプレイスメイキングの取り組みにも応用することができます。これらをまとめて、プレイスの創出と管理を成功させる方法を示した便利なロードマップを作成しました。このパートでは、各原則について PPS の経験に基づいて説明しており、すべての人が暮らし、働き、遊ぶことができるよりよい場所をつくるためにコミュニティがどのように協力できるかの概要を示しています。

1 コミュニティこそ専門家だ

**既存の場所を改善する方法を決めたり、新しいプレイスのための
ビジョンを構築するためには、コミュニティの才能やアイデアを活
用することが重要です。その土地に住み、働き、遊び、学ぶ人々は、
貴重な洞察力、歴史的な視点、そして最も重要な問題に対する独
自の理解を持っています。彼らがそのプロセスに早く参加するほど
よいのです。**

　コミュニティのメンバーはパブリックスペースが直面する問題を直接理
解しているため、重要な視点と貴重な洞察を提供します。理想的には、
計画が行われる前から地域住民が参加することです。そして住民は、そ
の場所が発展していく過程で、そのプレイスの所有者や管理者になれる
よう、プレイスの改善のための努力を通して関わり続けるべきです。そし
て、彼らがプロジェクトに関わり続けることで、今後何年にもわたってこ
のプレイスを管理する支持者、スチュワード（p.17の訳注4）、所有者となる
ことも同様に重要です。

"座るのにちょうどいいプレイスを"
—ウィリアム・H・ホワイト

ニューヨーク州ブロンクス

そのプレイスの近くに住んでいるか、働いている人たちは、どのプレイスが危険で、なぜ危険なのか、どの空間が快適なのか、交通の流れが速すぎるプレイスはどこなのか、子どもたちが安全に歩いたり、自転車に乗ったり、遊んだりできるプレイスはどこなのかを経験的に知っています。こうした知識が見過ごされていることがあまりにも多いのです。もしプランナーやデザイナーが、そのプレイスについて最もよく知っている人々に相談していれば、どれだけのプロジェクトが失敗から救われたことでしょう。

そもそも「コミュニティ」とは誰なのか？

コミュニティには、特定のプレイスに関心や利害関係を持つすべての人が含まれます。そのプレイスの近くに住んでいる人（そのプレイスを利用するかどうかは別として）、その地域で会社を経営している人、働いている人、学校や教会などの施設に通っている人などで構成されます。また、その地域を代表する選挙で選ばれた議員や、社会正義のグループ、ガーデニング・クラブ、自転車連合、商店会など、その地域での活動を提唱したり組織したりするグループも含まれます。

どのコミュニティにも、さまざまな理由で、計画立案のプロセスに参加していない人々がいます。社会的に孤立していたり、仕事で長時間働いていたり、言葉の壁、年齢、性別、文化の違いによって制限されている場合もあります。また、意思決定者へのアクセスが限られている場合もあります。世界中で、人々は地域社会における公平性とインクルージョン（社会的包摂）の問題に取り組んでいます。

素晴らしいパブリックスペースをつくるうえで重要なのは、計画会議にいつも顔を出す人たちだけに頼らずに、地域のワーキンググループを形成することです。そこには、地域の学校の代表者、自転車愛好家、フィットネス愛好家、ガーデニング愛好家、愛犬家、子守りを分担する親同士のネットワーク、ビジネス関係者などが含まれます。これらの人々は、個人的な興味から活動しているだけでなく、それぞれのグループとの連絡役も務めています。単独の委員会や、市議会などの既存の行政機関

では、こうしたワーキンググループのような多様性を提供できることはほとんどありません。

"地球上のいかなるコミュニティも、そこに住む人々のスキルと資源、そして貢献なくして築かれたことはない。"

— ジョディ・クレッツマン
アセットベースド・コミュニティ・デベロップメント（ABCD）研究所 共同設立者

"私が「熱心な愛好者（ジェラス・ナット）」と呼んでいるような、そのコミュニティを本当に心から愛し、そこに住み、そのプレイスの意味を理解している人ほど貴重な人物はいない。"

—ベッツィー・ロジャース
ニューヨーク市セントラルパーク・コンサーバンシー 創設者

ピーチズ＆グリーンズ
ミシガン州デトロイト

この店先のスペースは、草の根的な活動からスタートすることで、デトロイトの食料品店が少ない地域の問題を解消し、コミュニティを形成するのに役立っています。

　ピーチズ＆グリーンズは、セントラル・デトロイト地区の住民に新鮮な果物や野菜を届けるために、1台の中古の宅配便トラックから始まりました。1年後、セントラル・デトロイト・クリスチャン・コミュニティ開発公社（CDC）の前事務局長リサ・ヨハノンは、かつて空き店舗だった場所に農産物直売所をつくり、この活動を実店舗として運営することができるようになりました。同時にCDCは、近隣の10代の若者たちが管理をするコミュニティガーデンを整備し、農産物の一部を調達できるようにしました。デトロイトの食料品店が少ない地域の問題を改善しようとするこの草の根の取り組みは、全米の注目を集め、2010年5月には、当時のミシェル・オバマ大統領夫人が地域を訪問し、野菜の配達を手伝ってくれました。

　ピーチズ＆グリーンズのオープンから3年後、CDCはPPSに、この初期の成功をさらに発展させるための支援を依頼しました。クレスギ財団の支援を受け、PPSは農産物直売所を健康に特化した屋内外のコミュニティスペースに変える計画を立てました。CDCと店の経営スタッフとの事前打ち合わせの後、ピーチズ＆グリーンズから1ブロック離れたソウルフード・レストランで、PPSは近隣のステークホルダーを集めてプレイスメイキングのワークショップを開催しました。30人近くの地域住民が参加し、農産物直売所自体だけでなくその周辺を改善するためのアイデアを出し合いました。

しかし、ワークショップの参加者たちは、計画プロセスにおいて、より幅広いコミュニティの参加や意見を引き出す必要性も認識していました。「コミュニティ収穫祭を開いたらどうだろう」と誰かが提案すると、参加者たちはそのアイデアに大いに賛同しました。10 月に開催されるこのイベントでは、シェアミール、ゲーム、音楽、ダンス、フリーフード、タレントショー、馬車、そしてもちろん、プレイスメイキングのワークショップが行われることになりました。

イベントの成功に欠かせなかったのは、一軒一軒に招待状を配るなど、企画と地域社会への働きかけをサポートするために地元住民を雇うという決断でした。最初のハードルは早くもやってきました。店をフェスティバルの中心的な場所として使用する計画のためには、サード・アベニューを 1 日中通行止めにする必要があったのです。許可証の取得が間に合わ

↑
CDC の青少年プログラムを通じて、子どもたちはコミュニティガーデンで農産物を栽培する機会と学びを得ています。
ケイト・クレイマー・ハーブスト

ないことを恐れたヨハノンは、地元の警察署に電話しました。CDC の地域での活動をよく知る警察署長は、このフェスティバルを支援することに同意し、署としてどのような協力ができる

↑
コミュニティ収穫祭は、食べ物と楽しみがあり、コミュニティの意見を交換する1日です。

かを尋ねました。そこでの結論として、制服警察官はイベントには参加せず、交通バリケードを設置することで合意しました。コミュニティ全体からの参加と賛同を得るために、主催者は、イベントが心地よく、すべての人を歓迎するものになるよう意識的に努力しました。

　イベント当日の朝は肌寒く、暗い雲に覆われていたにもかかわらず、450 人以上の近隣住民が収穫祭に参加しました。雨も降らず、楽しさと美味しい食べ物でいっぱいの素晴らしい1日となりました。このイベントでは、CDC と PPS がピーチズ＆グリーンズを囲む空間のアクティビティやアメニティをテストすることができ、同時に、プロジェクトに対するコ

ミュニティの好意を高めるものとなりました。PPS のスタッフは、リラックスした雰囲気の中でコミュニティと関わり、話を聞きながら人とのつながりをつくる機会を得ました。賑やかな「プレイスメイキング・イン・デトロイト」のテントでは、PPS のスタッフは楽しげなビジュアルを使いながら、地域住民に近隣の重要なプレイスを特定してもらいました。また、地域住民はそのビジュアルを通じて、プレイスの改善案についてコメントし、地域のアクティビティやアメニティについてアイデアを出しました。

"このような集まりがもたらす影響は驚くほど大きく、多くの人が、プレイスメイキングによって近隣の雰囲気がとてもよい方向に変わったと述べています。でも、まだまだやるべきことはたくさんあります。"

—リサ・ヨハノン
セントラル・デトロイト・クリスチャン・コミュニティ開発公社理事

　会話の中で、ピーチズ&グリーンズが地域にとっていかに重要であるかが浮き彫りになりました。その一方で、地域住民の多くが、この店のサービスを十分に享受できていないことも明らかになりました。関心がないからではなく、地域が直面する多くの経済的な制約の結果、料理ができない人もいたのです。多くの家族が、キッチンのない住宅に住んでいたり、密集したアパートで共同生活をしていたりしたのです。
　このような会話から、コミュニティ・ワーキンググループでのプレイスメイキングの課題が見直され、ひとつの農産物直売所とその周辺の空間を、食へのアクセスと社会的・経済的機会を提供するメインストリートの核へと変貌させることが目標となりました。そして、コミュニティ・キッチンのビジョンが、屋内に（縁側のような）たまり場を設けるというアイデアとともに定着しました。そうしてでき上がったマーケットに、コミュニティのミーティングスペースが増築され、2013 年に工事が完了しました。
　現在、CDC は新しいキッチンで近隣住民や起業家に料理やお菓子づくりのスペースを提供しているほか、ピーチズ&グリーンズが市内の学

校に卸すカットフルーツ事業の拠点ともしています。毎年、最大 70 人の幅広い年齢層の地域住民が、キッチンで料理や栄養学のクラスに参加しています。この教室は、新たな友情を育み、地域を改善するための新たなアイデアについて気軽に話し合うきっかけとなっています。新しいミーティングルームの入口は別に設け、近隣のグループが鍵を持つようにしたことで、閉店後もミーティングを開くことができるようになりました。建物の鍵を持つことで、地域の人々のこのプレイスへの愛着が象徴的にも実際的にも高まりました。

　コミュニティ・ビジョンのもうひとつの重要な要素は、隣接する空き地をバスケットボールコート、芝生のゲームエリア、ピクニックエリアを備えた近隣公園へと変えたことです。バスケットボールコートでの深夜の活動を心配していた近隣住民は、CDC のクリエイティブな解決策に満足しています。それは店舗が、取り外し可能なバスケットゴールを貸し出すようにしたことです。さらに、廃業したガソリンスタンドの前に毎日集まってドミノゲームをしていた地元の人たちが、通りの向かいに新しく建てられた小屋を使うようになりました。ドミノをする人たちは「街路に向けられる目」となり、近隣の安全・安心に貢献しています。またその小屋は、さまざまな天候に対応し、自然発生的なコミュニティの祝いごとなどを楽しめる魅力的な場所になりました。

　現在、CDC は近隣の空き地で数多くのプログラムや施設を運営しています。2 つのコミュニティガーデン、2 つのビニールハウス、果樹園、水耕農園、コインランドリー、フィットネスセンター「フィット＆フォールド」、屋外運動施設などがあります。デトロイト・リメイド[1]は地域住民を雇用し、空きビルで見つかった廃品を回収・修復しています。また、ティーン向けの農業プログラムでは、種まきから販売までの食料生産について地域の若者を教育しています。

　ピーチズ＆グリーンズで開催される収穫祭は、地域住民全体が一堂に会する数少ないイベントとして、今では毎年恒例となっています。このイベントは、コミュニティセンターとしてのピーチズ＆グリーンズの役

割を強化するだけでなく、地域を改善するためのアイデアを人々が共有できる場でもあります。

↑
新しい小屋は、近所の人たちを日陰に招き入れます。

★訳注 1 ｜ CDC が行うプログラムの一部である。デトロイトで、廃品を利用して、家具や装飾品をつくり出す活動で、地元住民に雇用と訓練の機会を提供することを目的としている。

② デザインではなく、プレイスをつくる

「プレイス」の重要性について、今日ますます議論が交わされています。旅行ガイドは、さまざまな都市、州、国においてどういったプレイスが最も素晴らしいかということにページを割いています。他の書籍をとってみても、自宅や職場にいないときに、ただブラブラしたり散歩したりするプレイスの重要性を思い出させてくれます。

　21世紀のデジタル時代に突入した今、私たちはコミュニティが「場所性（sense of place）」を失いつつあるという懸念を抱えています。デザイン雑誌は、最もよいパブリックスペースデザインであると考えられるプロジェクトに賞を与えますが、これらの受賞デザインが必ずしもよい「プレイス」であるとは限りません。多くの人は自分たちのニーズを満たしてくれるはずのプレイスが自分たちから切り離されていると感じています。公園や広場が使われなくなるのは、地域住民にとってワクワクするようなアクティビティがそこにないからです。例えば、ウォーターフロントが廃れるのは、いくら改修してもまちから切り離されているからですし、仕事帰りに近所の人とばったり出会う場であるはずのストリートは、単なる車の通り道だと思われています。

　私たちには新しいデザインのアプローチが必要なのでしょうか？デザインはプレイスをつくるためにどんな役割を果たすのでしょうか？

"水の魅力のひとつとして、見た目の美しさと情感を挙げたい。水が目の前にあるのに、そこから人を遠ざけるのはもってのほかだ。"
—ウィリアム・H・ホワイト

ラ・ヴィレット公園噴水／パリ（フランス）

今日、多くのデザイナーが用いている伝統的な計画プロセスとは対照的に、プレイスを優先したアプローチは、主にデザインに焦点を当てたものよりも幅広いものです。優れたプレイスをつくるには、デザインよりも効果的なマネジメントを行うことのほうが重要で、そのためには複雑な問題に取り組まなければならないため、多くの異なる専門分野間の協働が必要となります。

"場所さえよければ、人を引きつけないような空間をデザインするほうがむしろむずかしい。驚くことに、そのむずかしいことが、なんと多く実施されていることだろう。"

— ウィリアム・H・ホワイト
（訳出典：ウィリアム・H・ホワイト著、
柿本照夫訳『都市という劇場』日本経済新聞社、1994、p.114）

　例えば、適切なメンテナンスと効果的なセキュリティの維持は明らかに重要ですが、徒歩や公共交通機関でのアクセスのよさもまた重要です。座りやすいベンチ、わかりやすい位置にあるゴミ箱、効果的なサイン、トイレ、食べ物を買う場所などはすべて、素晴らしい空間を実現するための重要な要素です。このような問題すべてに対処することは、一専門職の権限と経験を超えています。

　プレイスのつくり方についてのトレーニングはほとんど行われてきていません。しかし最近、プレイスメイキングをテーマにした学術的なプログラムがいくつか開発されました。私たちが本当に必要としているのは、素晴らしいプレイスをつくるための新しい全国的なトレーニングプログラムです。歴史的に、建築やデザインの学校ではプレイスを創造するためのトレーニングを行ってきませんでした。そこではデザインや、建築、行動研究の方法についての教育にとどまり、コミュニティの創造性を活用する方法や、コミュニティがビジョンを創造・実行することを支援する方法は教えてこなかったのです。

　一方で、よく利用される優れたプレイスをつくるために、私たちはパ

ブリックスペースデザインの新たな使命を考える必要があります。これは、デザイナーを含む専門家自身が役割を変え、コミュニティを支える手段となることを意味します。彼らは非営利団体や政府機関などの他者とともに、コミュニティのビジョンを実現するために活動することになるでしょう。

PPS が世界中のコミュニティと協働する際に用いているプロセスであるプレイスメイキングは、パブリックスペースの見た目、雰囲気、運営方法を決定する際に、市民が直接関わることができるように設計されています。普通の市民は、その場所がどのようにデザインされ、どのように使われるべきかを計画する上で、最高の専門家なのです。あまりにも長い間、パブリックスペースはトップダウンで計画を行う建築家や都市プランナーたちに委ねられてきました。

プレイスメイキングは、利用者にプレイスを評価する方法やプレイスがどのように機能しているか、または機能していないかについて示し、利用者自身の価値を明確にし、その根拠に自信が持てるように手助けします。このように、プレイスメイキングを行うことで、空間に起こる変化がコミュニティ全体のニーズを反映したものであることが確かめられ、結果的にコミュニティはプロジェクトに対する当事者意識を高めることができるのです。

マーケットスクエア
ペンシルベニア州ピッツバーグ

ピッツバーグは、運営、プログラム、デザインの統合的アプローチによって広場の活気を取り戻しました。

　マーケットスクエアは、ピッツバーグにおいて、中心市街地のビジネスと文化の中心地で、ユニークで宝石のような場所です。ピッツバーグの歴史において中心的な役割を果たしてきたこのマーケットスクエアには、かつて、アレゲニー郡裁判所のほか、2つの大通りの交差点にまたがる4ブロックにわたる「ダイヤモンド・マーケット」があり、1961年に取り壊されるまで、ピッツバーグ市民はそこに買い物や食事に訪れ、最上階ではローラースケートを楽しんでいました。

"私たちが学んだ最も有益なことは、実際にやってみることの価値、コミュニティの意見の重要性、そしてこの種の仕事におけるパートナーシップの重要性です。"

— 国際ダウンタウン協会賞 2011 選考委員会

　半ば信じがたい開発計画の一環で、オールド・アレゲニー・センターやザ・ヒルなど、市の中心部で最も歴史的な地区は取り壊され、マーケットのお客さんの多くは郊外に流出し、公営住宅はまちのはずれに追いやられました。

　2006年にPPSがマーケットスクエアの計画プロセスに関与したとき、ここはすでに何度も再整備されたあとでしたが、以前の状況まで復活させることはできていませんでした。PPSは、市のダウンタウン・パートナー

シップと協力して近隣住民や地元団体と一緒に、広場の将来的な設計や運営に役立つような使い方やアクティビティに関するアイデアを出し合いました。このプロセスで、より使いやすく、オープンな広場をつくるために広場の中心を通るいくつかの通りを閉鎖しようということになりました。この結果、広がりのあるイタリア的なピアッツァ・スタイルの広場が生まれ、空間の中心部でのアクティビティが活発化し、車のためにアクティビティを隅に追いやらずに済んだのです。

　ワークショップの参加者からはマーケットスクエアのアクティビティやアトラクションをもっと増やすべきだという声が上がりました。それ以来、カーネギー図書館が運営する読書室のような空間的な試みや、ファー

↑
夜のライトアップがマーケットスクエアにアクティビティをもたらします。
ジョン・アルトドーファー

マーズマーケットやコンサートが定期的に開催されるようになり、マーケットスクエアは、中心市街地で働く人々が昼休みや仕事終わりに集う場所となりました。他にもジョージ・ロメロ監督の映画『リビング・デッド』の舞

台となったことを記念して毎年開催されるゾンビ・フェスなどの盛りだくさんのイベントで、マーケットスクエアは市民に愛されています。

　マーケットスクエアは、劇的なデザイン提案によってではなく、イベント計画に重点を置くことで、再びピッツバーグ市民の中心的な集いの場となりました。秋の土曜日の午後などは、イベントが開催されていないにもかかわらず、座ったり、遊んだり、交流を楽しむ人々で広場はいっ

ぱいになっています。これは、パブリックス
ペースマネジメントの波及効果を示すもの
です。一度、その空間のユニークさを体験
した人々は、また訪れるべき理由を自ら見
つけるのです。

　ダウンタウン・パートナーシップは、行政、民間、非営利団体、デベ
ロッパー、地域の財団からの多大な支援を受けながら、マーケットスク
エアの改善を続けてきました。

↑
**広場は現在、ファーマーズマー
ケットや他のイベントなどに
利用されています。**
ジョン・アルトドーファー

3 ひとりではできない

素晴らしいパブリックスペースをつくるには、一個人や一団体が提供できる以上のものが必要です。パートナーが不可欠なのです。パートナーは、革新的なアイデアや、什器・サービスなどの付加的な財源を提供したり、ボランティアとしてメンテナンスや短期的なプロジェクトの改善を手伝ってくれたりします。

　パートナーシップには大きな力があります。典型的なパートナーは、近隣の施設、住民、学生、事業主、近隣のオフィスや店舗で働く人々、教会や文化施設の関係者など、パブリックスペースにすでに利害関係を持っている人々です。最もわかりやすいパートナーは、その地域に住む人々や地域の施設です。

　このようなパートナーシップは、パブリックスペースが十分に使われるかどうか、どのように維持されるかに大きな影響を与えます。また、彼らがマーケティング、資金調達、警備、イベント計画などに関わることで、プレイスメイキングの効果を拡大することもできます。強力なパートナーシップは、政治的な影響力を与えることで、プロジェクトを前進させることもできます。

"豊かなストリートライフは飾りではない。人々が集う場所という、都市の最も古くからある機能を拡張したものなのだ。"
— ウィリアム・H・ホワイト

ブエノスアイレス（アルゼンチン）

「いそうでいなかった」パートナーも探してみましょう。そのスペースから直接的に近いところにいるわけではないため、すぐには思い浮かばないかもしれませんが、他のさまざまな理由からそのプロジェクトに興味を持っている可能性のある政府機関や非営利団体についてよく考えてみましょう。例えば、パートナーシップを結べば、そのような組織・団体に対して、彼らがこれまで関わりがなかったような分野における知名度や存在感を与えられるかもしれません。

　プロジェクトのさまざまな段階で、さまざまなパートナーが現れます。最も主要なパートナーは、問題を定義し、最初の観察を行うグループの一員として、早い段階から参加させるべきです。一方で、プロジェクトが進み、ビジョンが形成されるにつれて初期段階では想定していなかったパートナーが必要になることがあります。いったんプロセスが動き出せば、植物園、博物館、芸術学校、あるいはバス停などの改善に関わる公共交通事業者などもパートナーとして関わる可能性があります。継続的な変化をもたらすためには、プロジェクトの初期段階から多様なステークホルダーを巻き込み、参加させることが重要な要素なのです。

ケーススタディ　ひとりではできない

パース・カルチャーセンター
パース（オーストラリア）

建物と建物の間の空間が、パースの文化施設間のコラボレーションのきっかけとなりました。

　西オーストラリア州にあるパース・カルチャーセンター（PCC）は、パース中心部とノースブリッジのエンターテイメント地区の間に位置する複合施設です。このカルチャーセンターには、現代美術研究所、アートギャラリー、州立図書館、州立劇場があります。学校のキャンパスの向かいに位置し、港から歩いてすぐの場所にあるため、市内の中央駅や中心市街地からのアクセスも容易です。

　2009年にこのカルチャーセンターが劇的な変貌を遂げるまでは、この地域には中心的な場所がないように感じられ、文化施設も連携していませんでした。多くの人々が日常的にカルチャーセンターの前を通り過ぎるものの、たいていはどこか別の場所に向かう途中でした。この状況が変わり始めたのは、パースの都市圏再開発局（MRA）が、カルチャーセンターを昼夜を問わず1年中人々を惹きつける価値ある場所に変えるべく動き出したときでした。最高経営責任者（CEO）のトニー・モーガンが率いる有能なスタッフが、MRAがこれまで使ってきたものとはまったく異なる計画手法を力強く推進したことで、変革の原動力が生まれました。

　このプロセスの最初のステップは、スペースを評価し、各施設に隣接するプレイスがどのように機能しているかを見極めることでした。そのために、MRAは各施設のスタッフとチームを組み、スペースの改善や管理のアイデアをテストしました。次の段階では、屋外スペースに椅子や日陰を増やしたり、階段をペイントしたり、気軽に座れる場所をつくったり、映画やデジタルアートを投影できる大型スクリーンや、無料Wi-Fiを設

都市型の湿地帯とパフォーマンス・ステージがカルチャーセンターに新たな核をもたらしました。

パース・カルチャーセンター、
都市圏再開発局

置するなど簡単な対策を講じました。

　文化施設どうしがそれぞれのビジョンを共有し、実行に移し始めたことで「施設間のコミュニティ」へと進化し、アイデアとリソースの強力なネットワークが可能になりました。やがて、老朽化した噴水を印象的な原生湿地帯に変えたり、五感を使う遊び場をつくったり、都市型果樹園やコミュニティガーデンを設けるなど、より多くのプロジェクトが具体化し始めました。カルチャーセンターはまた、映画上映やコンサートから、巨大スクリーンを使ったインタラクティブゲームに至るまで、さまざまなパブリックイベントを開催し始めました。

　その後2年間、空間の利用に対して低コストで即座に、強いインパクトを与える「クイック・ウィン」と呼ばれるアプローチが用いられました。西オーストラリア州中で知られるようになったこのアプローチで、カル

チャーセンターに印象的な変化がもたらされました。「人々は自分のアイデアがアクションに変わるのを目にすることができた」ため、この戦略は強力な効果があったと MRA のプレイスマネジメント最高責任者、ヴェロニカ・ジェフェリーは説明しています。

　MRA は、各施設がそのアイデンティティと資源を際立たせながら、屋外のパブリックスペースを活用したインタラクティブで創造的なプログラムを提供するよう促しました。例えば、パース現代美術研究所では、建物に隣接した屋外でのアート展示を開始しました。その中には、アーティストのイェッペ・ハインによる「Appearing Rooms」と題された水をテーマにしたインスタレーションがあります。格子状のパターンで水の壁がランダムに上下して現れるよう、スプリンクラーをプログラムした作品です。

↑
メイン・プラザを含め、カルチャーセンター全体により多くのプレイスが整備されました。

パース・カルチャーセンター、
都市圏再開発局

効果的に「インサイド・アウト（内側を外に開く）」することで、これらの施設はその影響力と来場者層を広げただけでなく、しばしば「象牙の塔★¹」と他のコミュニティを隔てる文化的障壁

を取り払いました。やがてカルチャーセンターは、パース国際芸術祭やフリンジ・ワールド・フェスティバルのような大きなイベントを主催するようになりました。

今日、MRA は「プレイスメンテナンス」と呼ぶ手法を採用しています。「プレイスから始めることで、地域の可能性を引き出し、地域住民やパースを訪れる人々が、新しくエキサイティングな方法でこのまちと関わることを促すことができると信じています」と、MRA の公式文書には記されています。パース・カルチャーセンターは、プレイス主導のアプローチのモデルです。同時に、文化の転換を引き起こすために集まった施設、政

府機関、個人からなるコミュニティが、優れた変化をもたらしたモデルでもあります。このプロジェクトは、ウォーターフロント（現在はエリザベス・キーと呼ばれる）の再開発や、パースのセントラル・ビジネス地区を隣接するノースブリッジと 100 年ぶりにつなげる大規模なパース・シティ・リンク・プロジェクトなど、パースの他地域が進化するきっかけにもなったのです。

"私たちは自分自身の内側を開き、ただカルチャーセンターの中にあるだけでなく、カルチャーセンターの一員でありたいのです。"

— 西オーストラリア博物館

　　MRA はコミュニティと協力し、パース・カルチャーセンターに意義ある継続的な変化をもたらしてきました。共有のパブリックスペースをともに改善することで、センター内の各施設は成果を上げているのです。「究極的には、カルチャーセンターはパブリックスペースであり、誰もが快適に過ごせるようにしたいのです」とジェフェリーは説明します。「人々が自分たちのものだと感じられる場所であるべきなのです。その過程で文化的な体験ができれば、なおよいでしょう」。

★訳注 1 研究機関などのように、学問や芸術を探求するために日常から切り離された環境。

4 いつも「できない」と言う人々

プロジェクトを進めていると、さまざまな困難が生じます。きっと誰かが「こんなのできっこない」と言うことでしょう。しかしその真意は「こんなこと、これまでにやったことがない」ということです。

　交通局の主なミッションが単に交通を流すことであれば、公園局の主な関心は、緑地を維持管理することでしょう。一方でコミュニティ支援に関する組織や団体は、しばしばそれらとは切り離されたプロジェクトの達成を任されます。各機関の間にはほとんど連携がありません。このような縦割りの状況では、パブリックスペースに関する新しいアイデアが行政や組織の管轄外の場合、「こんなのできっこない」という反応が頻繁に起こります。これが本当に意味するのは、「私たちはこれまでそのようなことをしたことがない」ということです。プロジェクトの全期間を通じて、多くの障害が立ちはだかります。

　お役所仕事的な面倒な手続きは、特に大きな課題です。コミュニティをよりよくするための活動すべてが、違法であるかのように感じるほどです。とある地域の規則では、歩道でのオープンカフェを禁止しています。また、プレイスメイキングに欠かせない要素でもある屋台の設置を禁止する地域もあります。これは 19 世紀から続く時代遅れな衛生法のためです。さらにおかしな法律もあります。ある都市では、屋外にアウトドア用のチェステーブルを置くことを禁止していました。なぜなら「賭けごと」とみなされていたからです。

→

"もし、「こんなことできっこない」というのであれば、
それは「そのやり方ではうまくいくとは限らない」ということだ。"
── ヨギー・ベラ

ワシントンスクエア・パーク／ニューヨーク州ニューヨーク

行政サービスが部門ごとに縦割り化されるにつれて、狭く定義された責任もまた課題となる可能性があります。行政の縦割り構造は、コミュニティのニーズにはうまく適合しません。

　変化をためらうことも障害になります。コミュニティに素晴らしい場所をつくることが目的であるならば、地域で働く行政職員はアプローチを変えて、ミッションのために自らのスキルを活かさなければなりません。

　こうした課題と同時に、解決策も生まれつつあります。現在、アメリカで「パブリックプレイス」や「プレイスメイキング」という名の部局を設置している都市はありません[1]。しかし、「ビジネス改善地区（BID）」や、「コミュニティのニーズをより総合的に考慮しながらパブリックスペースを管理する組織」を設立することは、正しい方向への一歩になります。

　もうひとつのアプローチは、新しいアイデアに対する行政の懸念を和らげるために、短期的なテストとして低コストの「より手軽に、より早く、より安い」実験 (p.148) を実施することです。短期的な変化に共同で取り組むことが、市民、政府機関、民間のステークホルダー間の架け橋を築き、同時に長期的な実施と維持への道が開けます。

　地方自治体が素晴らしいパブリックスペースの実現のために本気で取り組めば、幅広い分野の目標をより効率的かつ効果的に達成することができます。これまで交通エンジニアが掲げてきた「安全性と移動しやすさ」という使命は、中心市街地における活気あるパブリックスペースの創造とは相反するものでした。エンジニアたちの優先事項は、交通を迅速かつ効率的にすることである一方、小売業者、デベロッパー、中心市街地の関係者たちは、ゆっくりとした交通を望んでいます。潜在的な消費者が車から降りて歩いて買い物をすることを促す方法になり得るからです。

　幸いなことに、交通計画の専門家も、他の多くの専門家と同様、プレイスメイキングや他の先進的な考え方を受け入れ始めています。近年、多くの交通機関が、「状況に応じたデザイン」[2] や「完全な道路」[3] と呼ばれる、コミュニティと調和した交通プロジェクトを指す新しい価値

観を採用しています。他の職種の人々も、仕事のやり方を変えつつあります。デベロッパーや建築家の多くは、短期的な実験によってプロジェクトに弾みをつけ、長期的な変化をもたらすことに価値を見出すようになっています。

　だから、誰かが「こんなのできっこない」と言ったときは、「たぶん、まだ誰もそのような方法でやったことがない」と答えるのがベストかもしれません。そして、やり続けるのです。

★訳注1｜ニューヨーク市では、さまざまなパブリックスペースの改善を横断的に担当するチーフ・パブリックレルム・オフィサーという役職が、2023年2月に新設された。
★訳注2｜安全な交通ソリューションは、地域社会と調和して設計されるという哲学。
★訳注3｜道路を使用する必要があるすべての人々が安全にアクセスできるようにする道路の計画、設計、建設、運営、維持へのアプローチ方法。

キャンパス・マーシャス・パーク
ミシガン州デトロイト

数十年もの間衰退を続けたまち。しかしさまざまなコンテンツを盛り込んだひとつの公園が起爆剤となり、デトロイトの中心市街地にポジティブな連鎖反応をもたらしました。

　数十年にわたる衰退により手ごわい問題に直面してきたデトロイト市民の多くは 1990 年代までに、自分たちのまちを取り戻すことに、自動車産業を復活させる以上の意味があると悟りました。中心市街地が荒廃し、使われている建物よりも空き家になっている建物の方が多かったこのまちの未来は、その中心部の復活にかかっていました。

　しかしほどなく、デトロイトの中心市街地では、素晴らしいプレイスを生むための動きが起こり始めたのです。まず、市民リーダーたちが 2001 年の市制 300 周年に向けて結成した「デトロイト 300 周年委員会」をきっかけに、中心市街地のまさに中心、キャンパス・マーシャスとして知られるエリアに新しい公園をつくることに関心が集まりました。レガシー活用プロジェクトとして公園を整備することを決めた後、委員会は建設に向けて 2000 万ドルを集めました。デニス・アーチャー市長は、このスペースがまちの集いの場となることを構想し、「世界最高の公園」になることを望みました。それは、あらゆる時間帯に人が集まり、あらゆる年齢層や社会的背景の人々に向けたアクティビティがあるような場所です。PPS は、そんな公園のプログラムとコンセプトデザインを担当しました。

　2003 年、ソフトウェア会社であるコンピュウェア社は公園内に 4 億ドルをかけて新社屋を建設し、3500 人の従業員を郊外のオフィス地区から中心市街地に移しました。キャンパス・マーシャスは、その重要な

↑
キャンパス・マーシャスのビーチは、公園が開園した当初から大きな魅力となっています。

要因となったのです。それは、企業が都市から郊外へ出ていくという、長年のパターンを逆行させるものでした。2004 年 11 月にキャンパス・マーシャス・パークがオープンすると、人々はコンサートや野外映画、四季折々の花畑、公園内のカフェでのデートのために、あるいはただ噴水のそばに座ってリラックスするために、中心市街地に戻ってくるようになりました。これがまた新たな連鎖を引き起こしました。クイックン・ローンズ社は本社をキャンパス・マーシャスに移転し、創設者のダン・ギルバートによる 15 億ドルを超える投資によって、公園近くのいくつかの建物を改築する大規模な取り組みを行ったのです。

　ギルバート社は、デトロイトの中心市街地でプレイスメイキングがそれまですでに果たしてきた役割を認識していました。2013 年には、PPS とダウンタウン・デトロイト・パートナーシップを支援し、キャンパス・マー

シャスを「より手軽に、より早く、より安く」改善するためのさまざまな新しいやり方を開発しました。例えば、プログラムが拡大され、隣接するキャデラックスクエアには屋台やスポーツのイベントが追加されました。さらに2013 年には、PPS とのパートナーシッ

↑
冬のクリスマスツリー点灯のようなプログラムは、公園の成功の大きな要因のひとつです。
左：ダウンタウン・デトロイト・パートナーシップ
右：キャンパス・マーシャス・パーク（撮影 アラ・ハウラーニ）

プを通じ、サウスウエスト航空の「ハート・オブ・ザ・コミュニティ」プログラムのパイロット版として助成金が交付されました。公園の一角に本物の砂、パラソル、さまざまなゲーム、カフェ、サンデッキなどが設置された季節限定の「アーバンビーチ」が生み出されました。

　暖かい季節には、デトロイト国際ジャズフェスティバルから子ども向けの映画、ライブショーまで、500 を超えるイベントが開催され、1 年を通して多様な人々を楽しませています。アイスリンクは年間 125 日オープンし、多くの人で賑わい、毎年冬には大きなクリスマスツリーが点灯され、

華やかなオープンセレモニーが行われます。この公園の椅子は移動させることができるので、風をよけたり、日向ぼっこをするのに最適な場所を、来園者がそれぞれ見つけることができます。

"市街地、郊外、広域から何千人もの観光客がここを訪れているのは、その空間の質が、あらゆる階層、あらゆる収入の人々を惹きつけてやまないからだ。"

—ロバート・グレゴリー
ダウンタウン・デトロイト・パートナーシップ パブリックスペース最高責任者

　キャンパス・マーシャスは、ニューヨークのロックフェラー・センターのように、デトロイトを代表する中心市街地のパブリックスペースです。公約通り、この公園はデトロイトの「集いの場」となり、今や国際的に認知されています。新たな開発、公園を取り囲む修復された歴史的高層ビル、路上のカフェやフードトラック、クイックン・ローンズ本社などが、活気ある中心市街地を形づくっています。公園は日々多様性を歓迎し、受け入れています。

　新しい路面電車「Q ライン」は、中心市街地から急成長中のミッドタウンとニューセンター地区へ向かう途中、キャンパス・マーシャスを通過します。この路線は、近代的で世界トップクラスの地域交通システムの一要素として構想されています。画期的な官民パートナーシップにより、このプロジェクトは 3 つのレベルの行政機関との協力のもと民間企業と慈善団体の両方が主導し、資金を提供する、初めての取り組みとなるでしょう。かつて苦境に立たされたデトロイトの中心市街地に、今では素晴らしいパブリックスペースが次々と誕生しています。これらはすべて、キャンパス・マーシャスから始まったのです。

5 観察するだけで、たくさんのことが見えてくる

ある空間を注意深く観察することで、その空間がどのように使われているのかがわかります。それは、ごく一部の人が知っている小さな公園であっても、何千もの人が毎日利用する駅であっても同じです。観察することで、単なる直感にすぎないものを定量化することができます。

　人々が空間をどのように使っているかを記録し、マッピングすることで、彼らが空間に何を求めているのかを知ることができます。人々はある空間を特定の方法で使用するために、極端なことをしていることが実際にあります。例えば、ゴミ箱を椅子にして座ってお札の整理をしたり、そこで調理したりする人もいます。彼らの言葉よりも行動が多くのことを物語っているのです。

　パブリックスペースを観察するには、ある時間にそこにいる人の数を数えたり、1日や1週間の活動を記録したり、人々がその空間を通るルートをたどったりと、さまざまなアプローチがあります。人、車、自転車、ベビーカー、ペットなど定量化できるものはさまざまです。ゴミが散乱している場所や、草むらを人がどう歩くかなどを見ることもできます。また、ビデオやタイムラプスの撮影（パートIV参照）でも、貴重な情報を収集することができ、これは他人と共有するにも視覚的にわかりやすいという利点があります。

→

"人を惹きつけるもの、それは他の人々である。"
— **ウィリアム・H・ホワイト**

ブリティッシュコロンビア州バンクーバー、グランビルアイランド

空間をよりよくしていく前段階として、プレイスメイキングのインパクトと効果を理解し、それを伝えるための空間の基本データを収集することが重要です。コミュニティやパブリックスペースによっては、毎日新しいデータを収集するところもありますし、数年に1度か2度しか収集しないところもあります。データを収集することでコミュニティのニーズがどのように変化したのか、また必要な変更をどのように行うことがベストなのかを示すことができるでしょう。

　名野球選手のヨギー・ベラは「観察するだけで、たくさんのことが見えてくる」といいます。「耳を傾けるだけでたくさんのことが聞こえてくる」と付け加えたかもしれません。人々がパブリックスペースをどのように認識しているのか、なぜその空間を特定の方法で利用しているのかを理解する最善の方法はインタビューです。インタビューは、会話形式でインフォーマルな質問をするものから、より長く、構造化されたアンケートを行うものまでさまざまです。どちらも価値があり、目的も異なります。利用者の声を集めることは、人々がどのようにパブリックスペースを利用しているのか、そのスペースや利用者同士に関わりを持たせているものは何か、なぜ特定のスペースを避けるのか、などを知るための優れた方法です。

　パブリックスペースやその周辺で起こる出来事を観察し、利用者の話を聞くことで、誰もがパブリックスペースについて多くを学ぶことができます。

ワシントンスクエア・パーク
ニューヨーク州ニューヨーク

注意深い観察と聞き取りが、ニューヨークで最も賑わう公園のアメニティをさらに充実させました。

　ワシントンスクエア・パークは、ニューヨークで最もよく知られ、最も愛されている場所のひとつで、地域の公園として市民の憩いの場にもなっています。

　今日この公園を訪れ、人々がどのようにこの公園を利用しているかを見れば、誰でも数分で、この公園が優れたパブリックスペースのための特性をほぼすべて備えていることがわかります。これらの特性は、ウィリアム・H・ホワイトの「ストリート・ライフ・プロジェクト」の研究によって初めて定められ、その後 PPS によって見直されて広まった、次のようなものです。

　　（1）人々が幅広い用途とアクティビティに関わっている。

　　（2）多様な年齢と性別の人がいる。

　　（3）グループであれ 1 人であれ、人々が集まっている。

　　（4）ほとんどのスペースが使われ、空きスペースが少ない。

　　（5）1 週間を通して、1 日中さまざまな時間帯に利用されていて、
　　　　天候の変化にも左右されない。

　ある公園がうまくいっているかどうかは、その公園への愛着の度合い、全体的な快適性や安全性の度合い、スチュワードシップ、人々が互いに交流する頻度といった指標でも測ることができます。

　2005 年、ワシントンスクエア・パーク協議会は PPS に、公園内の場所を人々がどのように利用しているか、また現在の公園のデザインやアメニティがどの程度人々のアクティビティに即しているかについての調査を

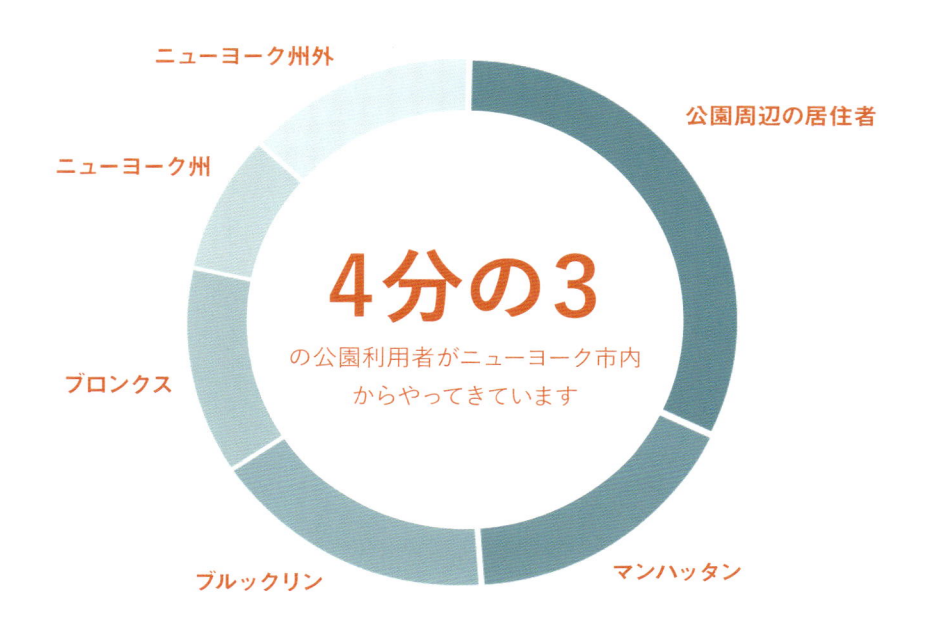

ニューヨーク州外

ニューヨーク州

ブロンクス

4分の3

の公園利用者がニューヨーク市内
からやってきています

公園周辺の居住者

マンハッタン

ブルックリン

依頼しました。調査には、公園を訪
れる人々を対象としたオンライン調査
と対面調査が含まれ、体系的な観察
と歩行者数の計測が行われました。

↑
公園利用者 184 人を対象とし
た居住地区についてのアン
ケート

　観察者は、週末 1 日と平日 2 日の公園の利用状況をマッピングし、
公園にいる人の数、公園内のどの部分をどのような人々が利用している
か、どんなアクティビティが行われているか、入口付近の歩行者量、時
間帯ごとの公園の利用状況などについて記録を行いました。PPS はまた、
独自の調査として、公園内のアメニティの状態を記録したほか、公園内
の利用者とオンラインでの調査の中からサンプルを抽出して調べたとこ
ろ、ワシントンスクエア・パークは主に地域住民に利用されていることが
わかりました。

　観察と調査に加え、総勢約 50 人の関係者を対象としたプレイスメイ

キングワークショップも開催され、ニューヨーク大学、公園局、ニューヨーク市の代表者のほか、コミュニティの代表としてミュー

↑
噴水は、ワシントンスクエア・パークの主要なたまり場です。

ジシャンや遊び場の利用者、犬の飼い主、チェスをする人たち、スクラブル（アメリカ発祥のボードゲーム）やペタンク（ボッチャに似たフランス発祥の球技）のプレーヤーなどが参加しました。

　調査結果は、ワシントンスクエア・パーク協議会への報告を経たのち、近隣住民に報告されました。このワークショップでは利用者に、公園のどんな要素が重要であるか、また、将来どんな使い方やアクティビティが必要になるかを考える機会を設けることを目的としていました。協議会はまた、公園へのコミュニティの参加を増やし、イベント計画のためのアイデアが引き出されることを期待していました。PPS によって公園で行われた、場のパフォーマンス評価ゲーム（プレイス・ゲーム）の参加者は、

公園の特性や、アクティビティ、改修案がもたらすポテンシャルなどについて評価を行いました。

↑ 路上パフォーマーは、昼時のエンターテイメントを提供しており、それがこの公園の主な特徴のひとつとなっています。

　2012年の公園改修を機に設立された非営利団体であるワシントンスクエア・パーク管理委員会は現在、公園局や近隣団体と協力して、ワシントンスクエア・パークが今後も多様性に富み、歴史的な都市の緑地として存続するよう努力しています。同団体はボランティアを募り、資金調達を行っています。この資金は、維持管理費や園芸およびプレイグラウンドのスタッフ増員、コミュニティ団体や地元の芸術グループが公園で無料の文化イベントを実施するための少額助成金プログラムなどに充てられています。

　2016年、これらの助成金は公園の利用者のための映画、音楽、ダ

ンス、文学の公演に役立てられました。また、同団体では他の地域団体の協力を得て、あらゆる年齢層を対象としたプログラムとして宝探しゲームや週1回のウォーキング・ツアー、ドングリの植え付けワークショップ、樹木を見るウォーキングなどを実施しています。

6 ビジョンを描こう

パブリックスペースのビジョンは、そこで何が起こるかを導くガイドのようなものです。つまりこのビジョンは、デザイナーや専門家、政府関係者ではなく、その場所に住んでいる人や、そこで働いている人々によってつくられるべきです。

どのコミュニティにも、力強い「ビジョン」に発展する可能性のあるよいアイデアがあります。専門家がこれらのアイデアを引き出す最良の方法のひとつは、人々に楽しかった他のパブリックスペースについて考えてもらい、その場所でどんなポジティブな経験をし、何をしたのか尋ねることです。そして、何がその経験を誘発したのかを探ることです。もうひとつの方法は、成功した場所（失敗した場所も含む）の写真イメージを示すことです。これは特定の場所での活動や、その場所に不足している活動についてより詳細に探求するための優れた方法であり、さまざまな物理的要素、場所の特性、管理の形態などを視覚的に見せるのに役立ちます。

幸運なことに、特定の場所に対するビジョンはすぐに浮かび上がるものです。コミュニティが抱く夢は、一般的に非常に現実的かつ実用的でありながら、革新的なアイデアにも満ちています。なぜならプロジェクトに対するコミュニティからのインプットは、ビジョンが一個人や専門家、あるいは行政機関によって生み出される場合よりもはるかに幅広いからです。

"子どもたちが道路で遊ぶのは、他に遊び場がないからだと思われがちだ。しかし多くの子どもたちは、そうすることが好きだから道路で遊んでいるのだ。"
— ウィリアム・H・ホワイト

ミシサガ（カナダ）

コミュニティのビジョンには、通常、短期的な実践のためのアイデア
が多く含まれています。なぜなら、近くに住んだり、働いている人々は、
腕を組んでビジョンを描くような人々よりもはるかに早く結果を確認した
がるためです。

　場所に対するビジョンがない場合、コミュニティはチャンスを逃してし
まいます。他の人が場所を改善しようとして、コミュニティのニーズに合
致しない可能性のあることを試してしまう場合があるからです。例えば、
歩行者用のスペースが少なすぎるとすでにコミュニティが懸念しているに
も関わらず、交通エンジニアは車道の拡幅を提案する可能性があります。

"ビジョン無き民は、滅びる。"

── 箴言（旧約聖書）29:18

ディスカバリーグリーン
テキサス州ヒューストン

ヒューストンでは、コミュニティの気づきが一貫したビジョンにつながり、それに基づいて大規模な駐車場が市内最高のパブリックスペースに変わりました。

「ヒューストンの裏庭」として知られるディスカバリーグリーン・パークは、住民にも観光客にも愛される場所です。2008 年にオープンしたこの公園には、現在、年間 120 万人が訪れます。映画からフィットネス教室、コンサート、タンゴのレッスン、子ども向けの作文ワークショップなど、600 以上の無料のイベントが行われており、昼夜を問わず賑わっています。これらのイベントは、ローラースケートリンク、ボートに乗れる池、庭園、遊び場、景観のよい散歩道、カフェなどの日常の魅力を補完しています。

これらはすべて、数年前には誰も想像すらできなかったことです。2005 年、PPS がヒューストン・ダウンタウン・パーク・コーポレーションとこのプロジェクトを始めた際、多くの人々は本当にヒューストンの中心市街地に人々が集まるかどうか、疑念を抱いていました。

ヒューストンの中心市街地は長い間、オフィスビルが占める地区でした。「ストリートはコンクリートの谷のように感じられました」と、ヒューストン・ファーストの会長であり、市内のコンベンションや舞台芸術の会場を運営するリック・カンポは語っています。「駐車場があり、ホームレスの人たちがいて、木なんてありませんでした」。

無機質な壁とミラーガラスが並ぶ、木のない広い一方通行の道路が、中心市街地に「歩行者禁止」かのように感じさせる環境をつくり出しました。会社員たちは昼休みを、トンネルシステムと呼ばれるオフィスビル

間の地下街で過ごすことが多く、午後5時以降は中心市街地を出て郊外の自宅に帰るのが一般的でした。それが今では、人々は車で家に帰って子どもや家族を乗せ、イベントやパフォーマンスのためにディスカバリーグリーンに戻ってくることがよくあります。これは過去には想像もできなかったことでした。

学校関係のグループや、サマーキャンプ、ボートのレッスン参加者などに利用されるキンダー・レイクは、素晴らしい屋外学習スペースとなっています。

カーチャ・ホーナー、ディスカバリーグリーン

ディスカバリーグリーンを構想した地元の慈善活動家たちは、コンベンションセンター前にあった未開発の土地に大きな可能性を見出しました。彼らは連携して「ヒューストン・ダウンタウン・パーク・コンサーバンシー」を設立し、PPSに2つの重要な目標の実現を依頼しました。

ひとつは、この公園を地域の主要な観光スポットに育て上げるための長期的なビジョンを策定すること。もうひとつは、コミュニティをはじめとする関係者からの提案を集め、公園のデザインやイベント計画に役立つアイデアや活動を引き出すことでした。最終的に、PPS はパワーオブ 10 ＋（p.158）を用いて、公園の全体コンセプトを組み立てました。

　プロセスの一環として、PPS は地域団体、個人、市当局、中心市街地で働く人々、企業、地元の若者、地権者らが参加するプレイスメイキングのワークショップを開催しました。世界中の成功した公園をバーチャルツアーで紹介した後、参加者は小さなグループに分かれて計画予定地を探索し、評価しました。次に、各グループは、中心市街地の公園に

↑
毎年冬になると、ディスカバリーグリーンの「ICE」は、ボート乗り場をシーズンの楽しい目的地に変えます。

カーチャ・ホーナー、ディスカバリーグリーン

どのような魅力があれば、さまざまな人々を惹きつけることができるかについて、それぞれのアイデアを発表しました。

　このプロセスによって、ディスカバリーグリーンの計画の中心として共有されるべき多くのテーマが明らかになりました。まず挙げられたのが、公園を隣接する施設や中心市街地のエリアに結びつける必要性です。ディスカバリーグリーンはまるで人懐っこいタコのように、周囲の街区に手を伸ばして人々を引き寄せるようにデザインされました。公園が1日、1週間、1年を通じて多様な利用者を確実に惹きつけるために、多くの取り組みが行われました。

"ディスカバリーグリーンは、短期間のうちにヒューストンの「村の原っぱ広場」となり、ヒューストンの人が学び、楽しみ、つながりを築くために集まる場所になりました。"

—スティーブン・クラインバーグ博士
ライス大学キンダー都市研究所 共同所長

　このプロセスでは、さまざまなニーズに対応できる柔軟で多機能なスペースを提供することにも焦点が当たりました。イベント、飲食サービス、アート展示、マーケットなどに対応する基本的なインフラは、人々が将来的に公園で考える予期せぬ利用方法をサポートすることができます。「チルドレン・ファースト」戦略も、プロセス全体を通じて最優先事項でした。家族連れを念頭に置いて設計することで、安全性、アクティビティ、楽しさの基準が高くなります。

　この公園は、テキサスの強い日射しの影響を軽減するために、自然エリア、日陰、水を考慮して設計されました。最後に、さまざまな人々を惹きつけるためのさまざまなアクティビティが公園全体に配置されました。素晴らしい公園には、素晴らしい目的地がひとつあるだけでは十分ではありません。本当に活気のある場所をつくるには、少なくとも10か所の目的地が必要です。

現在、ディスカバリーグリーンの12エーカーの敷地には、11の庭園、4つの水景、レストラン、屋外イベントとマーケットエリア、ステージ、ドッグランと噴水、ボッチャとシャッフルボード★1 のコート、図書館サービスと Wi-Fi を備えた屋外読書室、ゴルフのパット用グリーン、遊び場、ジョギングコースがあります。公園内のさまざまなエリアの機能の違いに細心の注意を払いながら、空間を管理するスタッフは日々調整を行っています。

インタラクティブなゲートウェイの噴水は公園で「オンとオフの切替え」を感じさせるものとして、多くの子ども連れの家族を引き寄せています。同様に、遊び場、ミストを出すオブジェ、湖畔のテラス、そしてアートで装飾された散歩道も多くの訪問者を引き寄せています。一方で、湖に

↑
ゲートウェイの噴水は、公園最大の魅力のひとつであり続けています。
ムハンマド・アキフ

浮かぶボートを静かに眺めたり、ピクニックランチを楽しんだりする家族連れや、仕事の休憩中に本を読むために日陰のある庭に場所を探している中心市街地で働く人々にとって、公園内のより静かで受動的なエリアの魅力も見逃せません。

↑
フォンドレン・パフォーマンス・スペースは、コンサートや大規模なパフォーマンスに使用されます。

カーチャ・ホーナー、ディスカバリーグリーン

　ディスカバリーグリーンは、世界的に有名なアーティストを起用した意欲的なアートプログラムも開催しました。夜の涼しさと無料の路上駐車場を利用した、光のアートやパフォーマンスを中心としたインスタレーションを入れ替えながら展示するもので、成功を収めました。

　公園の管理団体であるディスカバリーグリーン・コンサーバンシーによると、2008 年の開園以来、この公園は中心市街地の開発に 15 億ド

ルを呼び込む触媒としての役割を果たしてき
ました。確かにこの公園は、近くのコンベン
ションセンターのビジネスを促進しました。
しかし最も重要なことは、ディスカバリーグ
リーンによって、ヒューストンの人々が遊び、
リラックスし、出会い、さらには住む場所として中心市街地が再び地図
に載ったことです。

↑
**ブラウン・ファウンデーション・
プロムナードには、さまざま
な芸術的な展示物があります。**
カーチャ・ホーナー、ディスカバリーグリーン

★訳注1｜カーリングのようなゲーム。

7 形態は機能をサポートする

デザインはパブリックスペースをつくる上で重要な要素ですが、うまくいく空間は得てして、コミュニティがその空間をどのように使うかを理解することから生まれます。

　空間の使われ方が、そのデザインに反映されるべきです。本書で述べている基本原則に沿うことで、その場所がどのようなものになり得るかをより深く理解した上でデザインプロセスを進めることができるだけでなく、そのプロセス自体がよりよい、より創造的なアイデアによって豊かなものになるでしょう。コミュニティの人材とビジョンを活かすことは、強力なデザイン提案の放棄を意味するのではなく、むしろそのプロセスこそが、時としてプロジェクトの強度につながるのです。

　建築家やランドスケープデザイナーによるオープンスペースのデザインは、一般的に（常に、というわけではありませんが）、彼らが美しいと思うもの、魅力的だと思うものを追求したもので、その空間が応えるべき、あるいはサポートできる活動や用途に基づいたものではありません。多くの場合、その空間がどのように利用されるかを考えるのは、建設後なのです。実際、失敗したパブリックスペースでは、当初その機能を真剣に考えなかったために、多くの改修が行われています。

→
"人は座るべき場所に座る傾向がある。"
— ウィリアム・H・ホワイト

セントラルパーク／ニューヨーク州ニューヨーク

コミュニティのビジョンにコミットし続け、それをうまく機能する空間に変換することは難しいことです。しかしその課題に取り組み続けることで、パブリックスペースと建物の両方に今までになかった素晴らしい形態が現れるでしょう。その形態は、コミュニティの意見や知識を引き出すことができる一方で、空間がどのように機能するかを理解するスキルを学ぶことも求められます。

　コミュニティのビジョンに忠実であるために、次のようなステップを踏むとよいでしょう──空間の用途を明確にする。空間の中で求められる用途がどのように相互に関係するかを図式化する。コミュニティが定義した望ましい機能と特性を反映したデザインを発展させる。「大きな思考」と「小さな思考」を組み合わせ、空間の全体的な特徴とより詳細な計画の両方に焦点を当てる。

サンダンススクエア・プラザ
テキサス州フォートワース

フォートワースの公共施設「リビングルーム」の成功の鍵は、まず使うことから始め、デザインは後回しにすることでした。

2010年、フォートワースのダウンタウンにおける集いの場の構想がついに現実のものとなりました。すべては25年前、中心市街地の35ブロックからなるサンダンススクエアの地権者らによって取得された土地から始まったものです。PPSが開発した初期プログラムに基づき、サンダンススクエアの管理者は、敷地内にある2つの駐車場で多くのイベントを開催するようになりました。夏の映画鑑賞会、週末のファーマーズマーケット、クリスマスツリーの点灯式、プロボクシングの試合、毎年恒例のメイン・ストリート・アート・フェスティバル、第45回スーパーボウルのイベントなどです。これらの活動は、多様な人々が中心市街地に定期的に足を運ぶことを促すだけでなく、特別なイベントが開催されていなくても、中心市街地が素晴らしい場所として機能するための長期目標の達成にも貢献しました。

2012年までには、関係者らがサンダンススクエアを評価し、目標を設定したことで、恒久的な広場（プラザ）を望む声が勢いを増しました。地元の人々は、座りやすい場所や、子ども向けのインタラクティブなアトラクション、さまざまなイベントやプログラムを提供することで、1日、1週間、1年の中のさまざまなタイミングで人々を惹きつけることを考えました。同時に、地域の新しいアイデンティティを強く打ち出すことも望んでいました。

PPSは、空間を分断していたストリートを閉鎖することを提案しました。これによってプラザ周辺では、ショッピングなどのアクティビティの

そばで食事を行うのに十分な幅の歩道が確保され、歩行者にとってより利用しやすくなるはずだったからです。プラザは隣接するストリートとうまく接続され、人々がどの方向からアプローチしても、その先に特別な目的地があることを明確に示すように考えられました。

↑
プラザの中にたくさんの小さな場所や、空間のフレキシビリティがあれば、イベントの規模が小さくても、大きくても、難なく開催できるでしょう。

ジェレミー・エンロー

　2013 年のオープン以来、サンダンススクエア・プラザは、約 5100 ㎡ の広さを誇るまちの「リビングルーム」として歓迎されています。人々はひとりで、家族連れで、あるいは市外の友人とやってきて、インタラクティブな噴水を見たり、約 10m の傘型のオブジェから舞うライティングショーを楽しんだり、広場の周囲にあるレストランで食事をしたり、ヨガから野外映画、音楽、ゲストスピーカーの講演まで、さまざまなプログラムを楽しんだりしています。

プラザはまた、中心市街地全体の経済活性化の起爆剤にもなっています。サンダンススクエアの開発者であるエド・バスは、このプラザは「フォートワースのダウンタウンの真の目玉であり、何世代にもわたって愛される場所となる」と言います。スクエア全体の小売店の売り上げはオープン後の数年間で大幅に増加しました。サンダンススクエアへの交通量は 10％以上増加し、いくつかの道路においては交通速度と騒音を低減するために幅が狭められ、結果として歩行者が交差点を渡ってプラザに入りやすくなりました。広場を中心とするサンダンススクエア地区は、テキサス州でも有数の芸術と文化のホットスポットとなっています。

↑
25 年以上にわたって、敷地内の 2 つの駐車場では、サンダンススクエアの使い方を拡張する試みとして、ヨガなどの一連のイベントが開催されてきました。
左：ブライアン・ルエンサー
右：サンダンススクエア

8 トライアンギュレーションする
──異なる機能を近くに置く

用途とアクティビティがパブリックスペースの基本的な構成要素であるとすれば、「トライアンギュレーション」はそれらの組み合わせが個々の総和以上のものになる方法です。

　トライアンギュレーションとは、機能を互いに近接して配置することで、別々に配置するよりも多くのアクティビティを生み出すことです。こうすることで、その周辺でアクティビティが発生する可能性が大幅に高まります。例えばあるストリートで、公園の入口にベンチ、ゴミ箱、インフォメーション・キオスクが一緒に設置されているような場合です。

　同様に、カフェが子どものための遊び場や屋外読書室に隣接している場合、これらが別々に設置されている場合よりも、多くのアクティビティが発生します。ときにはトライアンギュレーションは自然に起こることもあります。都会の賑やかな通りを思い浮かべてみてください。そこでは、アクティビティが重なり合うことによって、決して話すことのなかった見知らぬ人同士が話すようになるのです。

　トライアンギュレーションはパブリックスペースのミクロなスケールでのみ発生するのではありません。カリフォルニアのサンディエゴ動物園からベトナムのカイラン水上マーケットまで、世界中でよく知られたパブリックスペースでは、さまざまなレベルでトライアンギュレーションが活用されているのです。

→

"トライアンギュレーションは、知らない同士が
以前からの知り合いのように話を始めてしまう関係である。"
── **ウィリアム・H・ホワイト**

（訳出典：ウィリアム・H・ホワイト著、柿本照夫訳『都市という劇場』日本経済新聞社、1994、p.165）

カリフォルニア州ラグーナ・ビーチ

フリント・ファーマーズマーケット
ミシガン州フリント

マーケットの移転という大きな動きは、新たな補完的用途やパートナーを組み合わせる大きなチャンスとなりました。

　1905 年の創設以来、フリント・ファーマーズマーケットには 1 年を通して週 3 日の屋内マーケットがあり、また農繁期には多くの生産者が屋根付きのシェルターで販売を行う屋外マーケットもありました。多くの歴史あるパブリックマーケットと同様、利用者数と収益性には波があります。マーケットが閉鎖の危機に瀕していた 2002 年、フリントの中心市街地を再生するために 1999 年に設立された非営利団体「アップタウン再投資会社」がその運営を引き継ぎました。新経営陣のもと、マーケットは急成長を遂げ、2009 年には全米で最も愛されるファーマーズマーケットに選ばれたのです。

　2014 年までには、利用者の増加により、生鮮食品の需要が施設の処理能力を上回り、個々のビジネスの成長が制限されるようになりました。また、マーケットには屋内のパブリックスペースがないため、冬場には来る人は限られていました。同時に、マーケットの出店者と経営陣は、大規模な設備改善が必要であることも認識していました。そこでフリント・ファーマーズマーケットは、中心市街地の真ん中にある、より広い場所に移転することを決定しました。

　新しい敷地で、マーケットは 3 倍の規模に拡大し、出店者により広いスペースが提供される一方で、多目的に利用できるコミュニティの拠点となり、新しい「ヘルス＆ウェルネス地区」の中核施設となりました。10 年近くマーケットと協力してきた PPS は、出店者に利益をもたらすと同時に、ダイナミックなパブリックスペースを創出するレイアウトデザイ

ンの支援を行いました。新しい施設には以下が含まれます。

- ・4層の吹き抜け空間（客席、出店者用、イベント用スペース）
- ・コミュニティルーム
- ・特別なイベントや食事ができる屋上テラス
- ・料理教室や栄養学の実演、その他のイベントを開催するキッチン

この建物には、ローカルビジネスを支援する料理インキュベーター[1]「フリント・フード・ワークス」も入居しており、さらに近隣のショッピング街や交通の要所に近いという利点もあります。

ハーリー・メディカルセンターはマーケットの2階に小児科クリニックを開設し、健康はよい食事と密接に結びついていることをアピールしました。2015年、血液中の鉛濃度が高い子どもたちが増加していることを示す決定的な証拠を提供し、フリントの飲料水汚染への全国的な注

↑
マーケットに入ると、植物の売り場が訪れる人々を出迎えてくれます。

目を集めたのは、このクリニックの医師でした。現在、このクリニックの医師は「野菜の処方箋」を出し、鉛の影響を軽減するために健康的な農産物を購入するよう各家庭に薦めています。

↑
フリント・ファーマーズマーケットは年間を通じて人気のある目的地です。

シャノン・イースター・ホワイト

　この相乗効果により、フリントの中心市街地には、約 3600 万ドルの投資を伴う「ヘルス＆ウェルネス地区」が形成されつつあります。新しく開校した MSU 人間医科大学はマーケットのすぐ近くにあり、新しい高齢者ケアセンターも 1 ブロック先にあります。

　既存の資源を組み合わせることで、より大きな効果を得ることができるのです。中心市街地のバスターミナルに隣接するこのマーケットの新拠点は、徒歩、自転車、バスを利用する買い物客の数を、2011 年の 4％から 2015 年には 21％に押し上げました。この新しいマーケットには、市内を走るすべてのバス路線が乗り入れているため、フリントの恵まれ

ない地域の人も健康的な食品を手に入れや
すくなっています。

　新しい場所での最初の1年間で、マーケッ
トの通行量は300％増加しました。新たに
約25の常設の出店者が加わり、従業員数も以前の場所の約75人から
200人近くに増えたのです。フリント・ファーマーズマーケットは瞬く間に、
ますます貴重な地域の資産となりました。オープンからわずか1年後の
2015年、米国都市計画協会はこのマーケットを15の「アメリカの素晴
らしい場所」のひとつに選びました。

★訳注1　食品業界における新規事業やスタートアップを支援する施設やプログラムを指す。

9 ささいなことから始めよう

パブリックスペースをつくったり、変えたりする場合、小さな改善がプロジェクトに対する市民のサポートを得る助けとなります。目に見える景観の変化は、誰かがそのスペースを管理していることを示すものです。

　プレイスメイキングとは、プランニングにとどまらない行為です。多くの素晴らしい計画は、規模が大きすぎたり、費用がかかりすぎたり、実現までに時間がかかりすぎたりするために、行き詰まってしまいます。ペチュニアを植えるような短期的な行動は、アイデアを試すだけでなく、変化が起きていること、自分たちのアイデアが重要であることを人々に確信させることができます。成功したパブリックスペースの多くでは、短期的な行動が初期段階で実施され、その効果が評価される中で、長期的な計画が進行していました。

　今日、コミュニティの繁栄を支援するために、基本に立ち返ろうという機運が高まっています。手ごろな価格で、ヒューマン・スケールの、短期的な変化を積み重ねることで、地域社会がどのように変容するかを理解する人が増えています。PPS では、この考え方を「LQC」と呼んでいます (p.148)。今日の都市が直面している課題の多くは、このような小さな介入の範囲をはるかに超えていますが、社会的、経済的、政治的な障壁が存在する中でも、変化は可能であることが示されています。

→

"場所性は、結局のところ、多くの小さなものからも築き上げられるものです。その中には、人々が当たり前だと考えているようなとても小さなものも含まれており、それが欠けていると、都市から味わいが失われてしまうのです。"
— ジェイン・ジェイコブズ

ニューヨーク州クイーンズ、ジャクソンハイツ

ケーススタディ　　ささいなことから始めよう

フォロ・リンドバーグ
メキシコシティ（メキシコ）

より手軽で、より早く、より安い実験によって、メキシコシティの公園は、市民生活を一変させました。

　メキシコシティのメキシコ公園の一角にあるフォロ・リンドバーグ（リンドバーグ・フォーラム）は、一時、フェンスで閉鎖される危機に陥りました。これは地元当局が安全上の問題を解決しようとした誤った試みでした。幸いなことに、地域の人々が抗議の声をあげ、フェンスの設置を阻止することに成功しました。彼らは、フォロをより安全な場所にする最善の方法は、よりアクセスしやすく、より活動的な場所にすることだと知っていたのです。

"活動を企画し始めるとすぐに、手伝いたいという人たちから声がかかるようになり、そこから勢いがどんどん増していきました。"

ーギジェルモ・ベルナル
ルガレス・ププリコス

　美しいアール・デコ調の噴水、円形劇場、パーゴラを備えた大きな広場であるフォロは、緑豊かな歴史的公園の真ん中で、人々の活動の中心地として賑わう大きな可能性を示していました。そこは、サッカーをする人や犬を飼っている人、子どもたちであふれかえっている日には、活気があって訪れやすい場所だと感じられました。しかし時には、誰もおらず空っぽで、居心地が悪い日もあったのです。
　サウスウエスト航空の「ハート・オブ・ザ・コミュニティ」助成金の支援とPPSとのパートナーシップにより、ルガレス・ププリコス★1 のプレ

イスメイキング・チームは、フォロで何がうまくいき、何がうまくいっていないかをよりよく理解することに着手しました。さまざまな創造的な参加型活動を用いて、地域コミュニティから情報を収集し、この公園内の広場をどう改善し活性化できるかについて、アイデアを募集したのです。

↑
ミゲル・アンヘル（左）は無料の「植物クリニック」で、子ども向けの教室を開き、観葉植物について困っている人にアドバイスをしています。

　チームは、幅広いプログラムのアイデアを試しました。ヨガやダンスのクラス、フラフープ、音楽や演劇のパフォーマンス、ヨーヨー教室、絵本の読み聞かせ、スポーツ、チェス、アート展示などです。観察やインタビューを通じてさらに多くのことを学ぶうちに、植物クリニックと移動図書館という2つの大きなプロジェクトがフォロで実現しました。

　植物クリニックは、地元の園芸家ミゲル・アンヘルが発案したものです。彼はプレイスメイキングのプロセスのおかげでフォロに現れた新しいエ

ネルギーに触発され、このアイデアを
思いついたのです。アンヘルは、公園
内に仮設スペースをつくり、近隣住民
に観葉植物の上手な世話の仕方を教
えるというアイデアをチームに持ちか
けました。そのために必要なものは、

↑
**実験の結果、移動図書館は
噴水の裏のこの場所に設置さ
れたとき、最も活発に使われ
ることがわかりました。**
ルガレス・ププリコス

仮設の日除け、テーブル、ベンチ、人工芝、植物、そして園芸用具とい
うシンプルなものでした。その結果、独特な雰囲気を持つユニークな場
所ができました。今日、公園を散歩する人々は、植物の問題をその場で
診断してくれる親切なご近所さんに会えるのです。

　移動図書館については地元のデザイナーであるディエゴ・カルデナス
が、自転車で牽引できる、本やゲームを収納した独創的なカートを考案
しました。この移動図書館はすぐにフォロ内の活動の拠点となりました。
スタッフが絵本の読み聞かせや本やゲームの貸し出しなどのアクティビ

ティを行い、カートの周りには色鮮やかな
ビーズクッションや可動式の家具が置かれて
快適な環境がつくられました。

　移動図書館が1か所で最初に成功した
後、チームは他の場所での効果を評価しま
した。移動図書館は、パーゴラの下、噴水

の裏側、噴水の前の3つの場所に設置されました。タイムラプス撮影
(p.168) と実地観察を行った結果、噴水の裏側のエリアが明らかに最も
人気があり、より多くの人々がそこを訪れ、より長く滞在していることが
わかりました。

　そこで彼らは、本やゲームでいっぱいのキオスクを、カラフルなテー
ブルや椅子、ベンチで囲んだ仮設インスタレーション「LEA」を制作し
ました。LEA とは、スペイン語の Lugar de Encuentro para Amigos
の略で、「友達に会うための場所」という意味です。LEA はすでにある

アクティビティを提供するだけでなく、フォロを盛り上げる他の方法について新しいアイデアを持つコミュニティ・メンバーを迎え入れる重要な窓口ともなりました。

↑ ルガレス・ププリコスは、フォロでダンス教室など幅広い無料プログラムを開催しています。

　LEA は一時的なインスタレーションでしたが、それをつくりあげた共同作業は、このスペースに長期的によい影響をもたらしました。フォロは、日中から夜にかけても活気にあふれ、人気のイベントもいくつか開催されていますが、活動の大半は自主的なものです。賑やかなたまり場であると同時に、オアシスのような場所なのです。ゲームをしたり本を読んだりする人たち、ダンスをする人たち、フットボールをする人たち、犬とじゃれ合う人たちを見ると、この場所が、旧友にも新たな友人にも出会える場所であることは明らかです。地元の人々にとっても、地域外から訪れた人にとっても、フォロ・リンドバーグは特別な場所だとすぐわかります。

　「私たちは多くのことを学び、コミュニティのみんなと一緒に仕事をするのがとても楽しかったです。私たちは、パブリックスペースについて本当に重要なことを発見しました。それは、素晴らしい場所には中核となる施設が必要だということです」と、ルガレス・ププリコスのギジェルモ・ベルナルは言いました。

↑
可動式の家具やゲームが、フォロを柔軟で活気ある活動の拠点にします。
ルガレス・ププリコス

★訳注1｜PlacemakingX の理事であるギジェルモ・ベルナルが、2014 年に設立したメキシコの非営利団体である。パブリックスペースの活性化を目的に、地域住民の参加型ワークショップなどを開催し、公共空間をより魅力的で利用しやすい場所に変えることを目指している。（参考：PlacemakingX ウェブサイト「Guillermo Bernal Profile」https://www.placemakingx.org/people/guillermo-bernal）

10 お金は問題ではない

お金がないことを言い訳にして何もしない、ということは多々あります。ですがあえて言うなら、お金がありすぎても素晴らしい場所をつくるための創意工夫やクリエイティビティは損なわれてしまいます。

　パブリックスペースがどうあるべきかは、それを利用する人々が一番よくわかっています。残念ながら、プロジェクトにおいてお金が問題になるときは、一般的にコンセプトが間違っている証拠です。そのプロジェクトが高価すぎるからではなく、その場所の使い手がその場所を自分たちのものであると感じとれていないからなのです。プロジェクトに反対する人々は、しばしば「お金がかかりすぎる」と言います（実際の額の大小は別として）。しかしながら、その本当の理由は自分のアイデアが盛り込まれていないと感じるからなのです。個々人がその空間を使うことを想像できるようになれば、その価値はコストよりも大きくなります。

　この「知覚価値」(perceived value) を理解してもらうことが、パブリックスペースのプロジェクトにコミュニティを参加させる主な理由であり、多くのプロジェクトの成功・失敗を決定する主な要因でもあるのです。

"場所にアクティビティの種を撒きたいなら、食べ物を提供しなさい。" →
── ウィリアム・H・ホワイト

世界一のロングテーブルでのパンケーキ朝食会／マサチューセッツ州スプリングフィールド

長年にわたり、私たちは素晴らしいパブリックスペースをつくるための
のお金の役割について、重要な教訓を得てきました。何よりもまず、
小規模で安価な改善は、大枚をはたいて取り組むビッグプロジェクトよ
りも、人々を空間に引き込む効果があるということです。例えば屋台、
屋外カフェのテーブルと椅子、傘、花、ベンチ、可動椅子などは比較
的安価です。このような、手軽で、早くて、より安い改善の可能性を
制限するものは、パブリックスペースの管理者の想像力以外にはあり
ません（p.148-151）。

　第二に、空間を効果的に管理する能力は、設備投資に大きな予算を
かけることよりも重要であることが多いということです。例えば、可動式
の家具を瞬時に設置したり、さまざまなイベントを開催したり、空間の
使用状況の変化に気づいて、即座に対応したりする能力がこれにあたり
ます。このような管理者の持続的なはたらきがプレイスを成功に導くの
です。

　第三に、コミュニティがともに努力するパートナーであれば、人々は
進んで参加し、自然と他者をそのプロセスに引き込んでいきます。金銭
を伴わない人々の貢献が、プレイスを成長させ、繁栄させるのです。こ
のような貢献は、物資やサービスの寄付、あるいはボランティアの形で
もたらされます。アメリカ中のコミュニティで、あらゆる困難を乗り越えて、
人々がただの空き地をコミュニティの重要な集いの場に変えてきました。
このような空間を維持するコストは決して安くはありませんが、お金の問
題ではないのです。

　最後に、コミュニティのビジョンがプロジェクトを推進するとき、お金
は後からついてくるということです。世間一般に「お金がかかりすぎる」
と思われているプロジェクトは、実現しないことがほとんどです。なぜ
でしょうか？理由は、この種のプロジェクトはコミュニティのビジョンに
根ざしたものではないからです。成功したパブリックスペースは、人々が
投資を増やすようになるにつれて、その場所が少しずつ成長していくとい
う漸進的なアプローチをとる傾向にあります。繰り返しになりますが、コ

ミュニティにプロジェクトを支持する声と想いがあれば、通常、お金は後からついてくるものです。

人々を立ち止まらせ、引き寄せるチャーミングなドラマー

ブエノスアイレス市ラ・ディフェンサ（アルゼンチン）

コングレススクエア・パーク
メイン州ポートランド

ポートランドの中心にあるこのパブリックスペースを救ったのは、お金ではなくコミュニティでした。

　暖かく晴れた日、コングレススクエア・パークに立っていると、花の手入れをするボランティア、ランチを楽しむ来場者、巨大な岩によじ登る子どもたち、夜のショーのために楽器を準備するミュージシャンたちが見られます。その様子からは、少し前までこの場所が民間のデベロッパーに売却される危機にあったことは想像もできません。

　メイン州最大の都市にあるこの公園が魅力的になったのは、単に開発を阻止したからというだけではありません。人々にそのスペースに何を求めているのかを聞き、そのアクティビティを試行したという背景があります。このプロセスはしばしば、パブリックスペースが誰にとっても本質的に価値あるものであることを証明するものになります。

　1980年代の再開発プロジェクトにおいて、まちの名所となることを目指してつくられたコングレススクエア・パークは、おそらくメイン州で最も都会的な場所で、ポートランドの中心市街地の活気あるアート地区に位置します。初期の頃は、地元の非営利団体がこの公園で時折イベントを開催していましたが、その設計には物理的・視覚的な障害が多く、アメニティが著しく不足していました。そして、コングレススクエア・パークの継続的な管理体制が確立されなかったことが、これらすべてを悪化させたのです。

　2000年代初頭、この公園への公共投資と民間投資が減少するにつれ、イベントは姿を消し、公園内は徐々に荒廃していきました。公園はもはや快適で、安全で、訪れやすいとは感じられなくなりました。市が

イベントセンター建設のために公園をデベロッパーに売却する寸前になって初めて、コミュニティは貴重な公共資源を失うことに気づきました。そこで新たに結成されたのがフレンズ・オブ・コングレススクエア・パークです。このグループは、コミュニティからパートナーやアイデアを集めながら自分たちの意識を高め、開発に代わる積極的なプレイスメイキングのプロセスを促進するために PPS を招聘しました。

　このアプローチをサポートするために、市の都市計画局はビジョン策定プロセスを導入しました。オンラインプラットフォーム「Neighborland」を使ったり、ソーシャルメディアを活用したほか、戦略的にまちの至るところに「コングレススクエアに○○がほしい」というサインを設置し、回答を求めました。650 の回答を手にしたフレンズ・オブ・コングレススク

エア・パークは、「より手軽に、より早く、より安く（LQC）」をモットーに、即座に可能な提案を実行に移し始めました。

「私たちはコングレススクエア・パークの可能性を見出しましたが、そのためには早急に取り組まなければならないと考えていました」と、フレンズ・オブ・コングレススクエア・パークのブリー・ラカッセは言います。

市全体の住民投票によって売却を阻止すべく戦う一方で、公園にアメニティを追加するための資金集めにも取り組み始めました。可動式の家具、無料 Wi-Fi、フードトラックの定期出店など、さまざまな実験を行っているうちに、公園を訪れる人々が増えていきました。やがて、この地域に住み、働く人々は、公園で座ったり、新聞を読んだり、仕事をしたりするようになりました。いつしかそこは人々が待ち望んでいた、真にパ

ブリックな広場になっていったのです。

　フレンズ・オブ・コングレススクエア・パークは、愛される場所をつくるのに莫大な資金は必須ではないことを証明しました。最初の年、このグループはワールドカップのサッカー観戦パーティーを開催しようと考えましたが、機材も、レンタルするお金もありませんでした。代わりに、あるボランティアが自分の大型テレビを公園に持ち込み、フードトラックも登場したことで、イベントは大成功を収めました。

　2015年、フレンズ・オブ・コングレススクエア・パークは設立初期の勢いを活かし、サウスウエスト航空の「ハート・オブ・ザ・コミュニティ」助成金の申請を成功させ、空間の物理的な改善と、意欲的なプログラムが支援されることになりました。広場での「スウィング・ダンス」のようなイベントや、毎週開催されるヨガ、太極拳教室、編み物グループな

↑借りもののテレビで、ワールドカップ観戦を限られた予算で実現しました。
フレンズ・オブ・コングレススクエア・パーク

どの日中の定期的な活動をきっかけに、まちの至るところから多様な人々が訪れ、公園で過ごすようになりました。

"私たちは、ポートランドのアート地区の中心的な魅力となる、世界水準のパブリックスペースをともに創り上げることができると確信しています。それは、近隣の経済とコミュニティの成長の礎となるものです。"

— ブリー・ラカッセ
フレンズ・オブ・コングレススクエア・パーク

マウリーン・ハニガンは 1970 年からポートランドに住んでいました。車を手放した後、公園は彼女にとって毎日の行き先となりました。「朝、公園に行くのが好きなんです。フレンズ・オブ・コングレススクエア・パークの人々がテーブルや椅子を並べ、公園を掃除しているのを見ると、毎回拍手を送りたくなります。こんなに公園を大切にしているボランティアグループを見たことがないし、特にスウィング・ダンスのイベントが大好きです。魔法のようで、ホテルの宿泊客も、近所の子どもたちも、通りすがりの人たちも、立ち止まって聞いたり踊ったりしています。私ももう少しで車椅子から降りて踊り始めるところでした！コングレススクエア・パークは社会の壁を取り払い、コミュニティをひとつにする、村みたいなものなのです」。

フレンズの努力は住民投票を勝利に導き、コングレススクエア・パークの売却を阻止しただけでなく、市が将来同じような公共財産の売却を行うことを制限しました。勝利の要因は、公園を活性化させたグループの成功にあります。人々は、公園がいかに素晴らしい場所になり得るかを体験したとき、その場所を守ろうという意欲に駆られたのです。

今日、コングレススクエア・パークは、ポートランドのクリエイティブな専門家、地元のアーティスト、中小企業のオーナー、ボランティアとの継続的なコラボレーションを主催し、常に潜在的な可能性を秘めたコミュニティの資産となっています。フレンズはまた、コングレススクエア・

パーク全体の大規模な施設改善を進めるために、民間の資金や公的資金を調達してきました。もし、その逆、つまり、地域社会の関与よりも資金のほうから始めていたら、物事はこれほどうまくいかなかったことでしょう。地元の人々がこのスペースへの情熱を共有することで絆が深まると、より大きな変化をもたらすための資金が得られるようになりました。この情熱はフレンズ・オブ・コングレススクエア・パークを前進させる指針となるでしょう。

↑ 隣接するアパートに住む高齢者たちは公園の重要なスチュワード (p.17) です。
フレンズ・オブ・コングレススクエア・パーク

11 プレイスメイキングに 終わりはない

ここまで読んでいただいた読者であれば、素晴らしいプレイスをつくることは、賞を取るようなデザインではないという結論に達しているはずです。それどころか、逆に素晴らしいプレイスとはコミュニティのビジョンと優れたマネジメントプランに基づくものだということがわかります。

　パブリックスペースは、使い続けると古くなりますが、それはそれでよいことです。どのようなものであっても人が使い、気に入るものは、いずれは交換や修理が必要です。変化の必要性を受け入れ、マネジメントの柔軟性を持つことが、優れたパブリックスペースをつくることになるのです。ゆえに、人々がどのように空間を利用するのかを理解することは重要です。

　私たちは、あらゆるパブリックスペースの成功の約 8 割はそのマネジメントに起因すると考えています。どんなに優れたデザインでも、適切に管理されなければ素晴らしいプレイスにはなり得ません。なぜなら、よいプレイスは静的なものではなく、毎日、毎週、季節ごとに変化し、適切なマネジメントはその変化に必要な柔軟性をもたらすからです。変化が確実に起こるということと、その時々でプレイスが流動的に使用されるという性質を考えると、効果的なマネジメントは非常に重要なのです。

"よいプレイスはさまざまな条件を満足するもので、それらを突き詰めるとほとんどの場合、人間の在りように行き着きます。"
— ウィリアム・H・ホワイト

ブライアントパーク／ニューヨーク州ニューヨーク

「デザインはどのような役割を果たすのか」ということは、プレイスを
つくる上で中心的な問いです。私たちの経験では、プレイスメイキング
には、今日ほとんどのデザイナーが使っているものとは異なるアプロー
チが必要です。プレイスメイキングは、対処すべき複雑で重層的な問題
があるゆえに、デザインよりも効果的なマネジメントに委ねられており、
多くの異分野の協働を必要とするからです。

　パブリックスペースの管理は、その種類によって、また都市や地域に
よって、さまざまなレベルで行われます。有給のスタッフや組織が管理
しているところもあれば、ボランティア活動を活用しているところもあり
ます。また、多くの都市では行政ができないことを補完するために民間
が名乗りをあげています。例として、ビジネス改善地区（BID）やメインス
トリートプログラムの運営団体、自然保護団体や、その他類似の団体が
あります。

ブライアントパーク
ニューヨーク州ニューヨーク

ブライアントパーク再生の物語は、1988 年のリデザインに始まりましたが、そこで終わりではありませんでした。それは、素晴らしいマネジメントについての長い物語の序章にすぎなかったのです。

　マンハッタンのミッドタウンにあるこの象徴的な公園は、過去 30 年間で最も優れたパブリックスペースのリニューアル・プロジェクトとして広く認知されています。それにもかかわらず、公園のイベント計画と管理は常に見直され、改良されてきています。

　ブライアントパークの物語は、そのプレイスをどのように再生させるか、時を経ても活力を失わないようにするにはどうすればいいかという重要な教訓を与えてくれます。よく知られている 1980 年代の再生プロジェクトでは、空間がどのように利用され、また悪用されているかを注意深く観察し、何度も軌道修正を行いました。例えば公園の広大な芝生の仕様検討には、専門的な知識と資材が必要でしたし、それを公園の管理者に求めることは不可能でした。かなり多くの実験を経て、公園の活発な利用に対応しつつ、芝生が座りやすい乾燥した状態となるよう、土壌と種子の配合と管理体制が考え出されました。

　パブリックスペースの管理者は一般的に、自身の敷地を厳しく管理する傾向があります。利用する可能性のある外部の人に対して「イエス」よりも「ノー」と言う傾向にあるのです。ブライアントパークの復活は、外部のイベント実施者による公園の利用を許可する管理者の柔軟性から生まれました。その結果、さまざまな興味深いイベントが開催され、これが大きな収入源にもなったのです。外部のイベント実施者が開催にあたっての問題を解決できるよう、公園の管理者も深く関わりました。

かつてのブライアントパークの姿を想像するのは難しいことです。1980年代初頭、ブライアントパークには、麻薬の売人やその他の恐ろしい行為がはびこっていました。その薄汚れた外観、手入れされていない生垣が公園内の活動を隠していて、活気もなく、明らかに治安の悪さを感じさせる場所でした。毎日通りかかる多くの会社員や観光客は、ほとんど公園内に足を踏み入れませんでした。

1980年、PPSはこの空間の問題点の理解を助け、新しいデザインとアクティビティの提案を行うために招聘されました。ブライアントパークがどのように利用されているかを調査し、公園への認識と実際の状況とを区別したのです。そのために、ポジティブな活動もネガティブな活動も含めて、すべてのアクティビティの場所をマッピングし、公園を利用する人々にインタビューを行いました。最大の発見は、麻薬取引のような

↑ ブライアントパークの従業員は、定期的に公園を訪れる人の数を計測しています。

ネガティブなアクティビティが、主に公園の入口付近で起こっていたことです。人通りが多いにもかかわらず、実は人目につきにくい場所だったのです。

継続的なメンテナンスのおかげで、公園の活発な利用にも関わらず芝生は緑色に保たれています。

　公園を訪れる人は少なく、日陰にあるベンチに座ること以外には、ほとんど何もすることがありませんでした。公園における実際の犯罪数は非常に少なかったのですが、犯罪が起こっていると思い込む人は多かったのです。インタビューによると、近隣のオフィスビルで働く人々は麻薬の売人に怯え、公園の利用を恐れていました。

　私たち PPS が公園に対して提案したのは、エントランスを開放的にすること、アクセスの改善、ネガティブなアクティビティの代替となる新しい使い方、公園内の見通しを妨げていた低木の撤去などでした。メインエントランスには 2 つのフードキオスクが設置され、園内には数百の屋外用の可動式の椅子が配置されました。天候や一緒にいる人数によっ

て、好きな場所に座ったり、席の配置を変えたりすることができるのです。

　ブライアントパーク・コーポレーション（BPC）は、ビジネス改善地区（BID）から一部運営資金を得る組織で、毎日ランチタイムに行われるパフォーマンスなど、早い時期からさまざまなイベントを開催してきました。屋外映画イベントが数千人を集めるようなことは、以前には考えられませんでした。

　BPC はまた、たくさんの新しいアクティビティを導入しました。チェスやペタンクから始まり、卓球、屋外読書室、小さなメリーゴーランドなどが加わりました。公園の成功に欠かせなかったのは、美しくデザインされ、よく手入れされた 2 つの多年草の花壇や、たくさんの華やかなプランター、そして約 8000 ㎡ の特徴的な芝生など、手の込んだ草花の植え込みでした。公園内と近くの屋上に設けられた新しい照明は、夜間の

安心感も高めています。

　ニューヨーク市立図書館の裏手には、レストランと屋外カフェが建設されました。BPC が出資し、民間のレストラン経営者が運営するこれらの施設は、現在、公園の運営と維持のための大きな収入をもたらしています。ニューヨーク市公園局との取り決めにより、BPC は公園内の売店やその他の活動から得られる収入のすべてを得ることができます。さらに収益を生み出す活動として、スポンサー付きの無料スケートリンクやホリデーマーケットがあり、どちらも冬の夜間、かつては誰もいなかった時間帯に賑わいを見せています。

　この公園は現在、ニューヨークのまちの広場として受け入れられています。ブライアントパークの成功の鍵は、物理的なインフラのリデザインだけではありませんでした。この公園の再生は、独創的なイベントのラインナップに加え、四季を通じて 1 日中、安全で楽しい空間であると人々が安心できる、質の高いマネジメントの賜物なのです。

プレイス主導、コミュニティ主体のプロセス

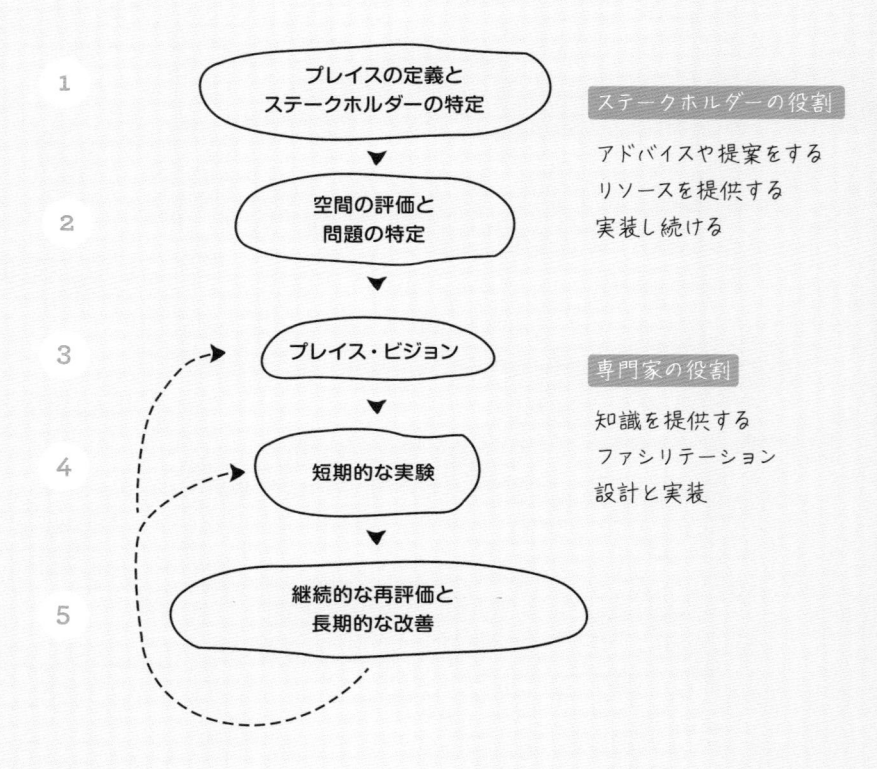

プレイスメイキングの
プロセス

プレイスメイキングは、パブリックスペースを変えるための哲学であり、実践的なプロセスでもあります。プレイスメイキングでは、暮らし、働き、遊ぶ人々を観察し、耳を傾け、疑問を抱くことによって、空間やコミュニティ全体に対する人々のニーズや願望を理解することに注力します。

　プレイスメイキングのプロセスは、既存の空間の改良や、新しい空間を計画する場合に使用することができます。しかし、状況はそれぞれ異なるため、同じような段階や順序で進むわけではありません。

　PPS は、5 つのステップを使うことで、より多くの人が場所の観察、計画、変化の実現に参加できるようにしています。まず初めに、コミュニティと会い、ステークホルダーを特定することが重要です。そして現地で時間をかけて、空間やその資源、課題を評価することが不可欠です。そうすることで、その場所のビジョンが見えてくるのです。次に、短期的な実験から開始し、実験したことを継続的に評価します。その結果、空間の長期的改善へつながります。ただし、その後の空間の成功は、継続的な観察と分析にかかっています。

① プレイスの定義と
ステークホルダーの特定

適切な場所とステークホルダーを選ぶことは、その場所を魅力的にするために重要な一歩となります。

　プレイスメイキングのプロセスは、官民両部門からコミュニティの代表者が会議に参加し、対象地に関して各グループが直面している主要な問題を特定することから始まります。コラボレーションしながら、パワーオブ10＋のワーク（p.158）を使うこともあります。その結果、さらにデータ収集をすべき課題への仮説や作業計画が導かれます。

　実践ノウハウとして、ステークホルダーは、対象の空間に関心があるだけでなく、何らかの直接的なつながりを持つことが望まれます。住民、近隣の企業、文化団体、宗教団体、教育団体などが例として挙げられます。行政は、コミュニティのビジョンを実現するためのファシリテーターであり、パートナーでもあります。最終的には、周辺の人々、つまり対象地の成功に利害関係のある人々が、プロセスにおいて積極的な発言力を持つだけではなく、プロジェクト全体を通じて強力なパートナーになるのです。

　ステークホルダーへの働きかけで考慮すべき点には、以下のようなものがあります。

　　（1）変化を起こすことができるのは誰なのか？
　　（2）自分のスキルや資金を使うなどして参加する意思があるか？
　　（3）対象地の改善やプログラムに使える既存の資金はあるか？
　　（4）対象地を長期的に管理できる団体はあるか？

チェックリスト【対象地とステークホルダー】

✔ 空間と資源をマップ化する

✔ 対象の空間周辺のステークホルダーを特定する

✔ 事業主、住民、各関係当局、資金提供者となりうる人々、地元の愛護会などと交流して関係を築く

🔧 主なツール：パワーオブ 10 ＋ワーク（p.158）

↑
イスラエルのラムラ市のグループが、中心市街地で優れた場所とそうでない場所を特定している様子。

2 空間の評価と問題の特定

このステップでは、ワークショップの参加者は空間がどのように使われ、どのように改善することができるのかを把握します。

　プレイスメイキング・ワークショップは、ステークホルダーの知識、直感、常識、意見を活用する最も効果的なツールのひとつです。このワークショップは主に、PPS が開発したシンプルな評価ツール「プレイス・ゲーム」(p.156-157) に沿って行われます。このツールは子どもから、高度な訓練を受けた専門家まで誰でも使うことができ、しかも楽しみながら進められます。参加者は、空間がどのように機能しているかを考えながら、お互いをよく知ることができます。プレイスメイキング・ワークショップのゴールは、空間と課題をよりよく理解することです。

　プレイスメイキング・ワークショップを開始するには通常、地元のグループが準備や調整を担うのが最も効果的です。そうすることで、行政機関や外部のコンサルタントが単独で開催するよりも、より多くのコミュニティが参加することができます。とはいえ、ワークショップに行政職員を参加させることも重要です。

　以下のような手順でワークショップを行うと、結果を出しやすくなります。まず、ワークショップの目的や目標を確認します。その後、対象地を訪れ、グループに分かれてプレイス・ゲームを行い、参加者はその場所をより深く理解します。最後に、各グループが他のグループに発見を共有し、対象地のビジョンの素案について話し合い、どのような人や組織がパートナーになりうるかについてのブレインストーミングを行います。標準的なワークショップは通常 2、3 時間続き、このプロセスの中で、特定の話題について話すグループが出てくる場合もあります。直接参加できない人のために、フィードバックの機会も別途設けるようにするとよいでしょう。

チェックリスト【ワークショップ】

- ✔ プレイスメイキング・ワークショップの目的や目標を確認する

- ✔ プレイスメイキングの考え方やプロセスを解説し、優れたパブリックスペースの事例を紹介する

- ✔ ステークホルダーとともに対象地を評価する

- ✔ ワークショップの参加者どうしで、発見を共有する

- ✔ フィードバックを簡潔なレポートにまとめる

- 🔧 主なツール：プレイス・ゲーム（p.156-157）

↑
ニューヨークのアスター・プレイスの評価では、「プレイス・ゲーム」が活用されました。

③ プレイス・ビジョン

主要なステークホルダーが、プレイスメイキング・ワークショップ で得た発見に基づき、「プレイス・ビジョン」を描きます。

このステップは、以下の要素に分かれています。

- **ミッションまたは目標の明文化：**ステークホルダーは目標を共有することで、プレイス・ビジョンの基礎を築くことができます。

- **対象地の利用者と利用方法の定義：**空間の性質によって関係者の目標は変化します。

- **対象地が目指す特徴の説明：**どのような空間になるかを明確にすることで、ビジョンの焦点が定まります。

- **対象地のデザインを示したコンセプトプラン：**最初のコンセプトプランを作成後、その実現可能性を評価し、実行するための障壁を特定します。

- **対象地と類似する成功事例：**一部分だけでも、参考になります。

- **短期的、長期的な改善のためのアクションプラン**

プレイス・ビジョンと同様に重要なのが、その後の管理計画です。空間を活性化し、良好な状態を維持するためには、管理組織が必要です。重要なのは、そのような組織を結成するかどうか以上に、いつ結成するかです。一方、組織が結成されていなかったとしても、アクションを遅らせる理由にはなりません。

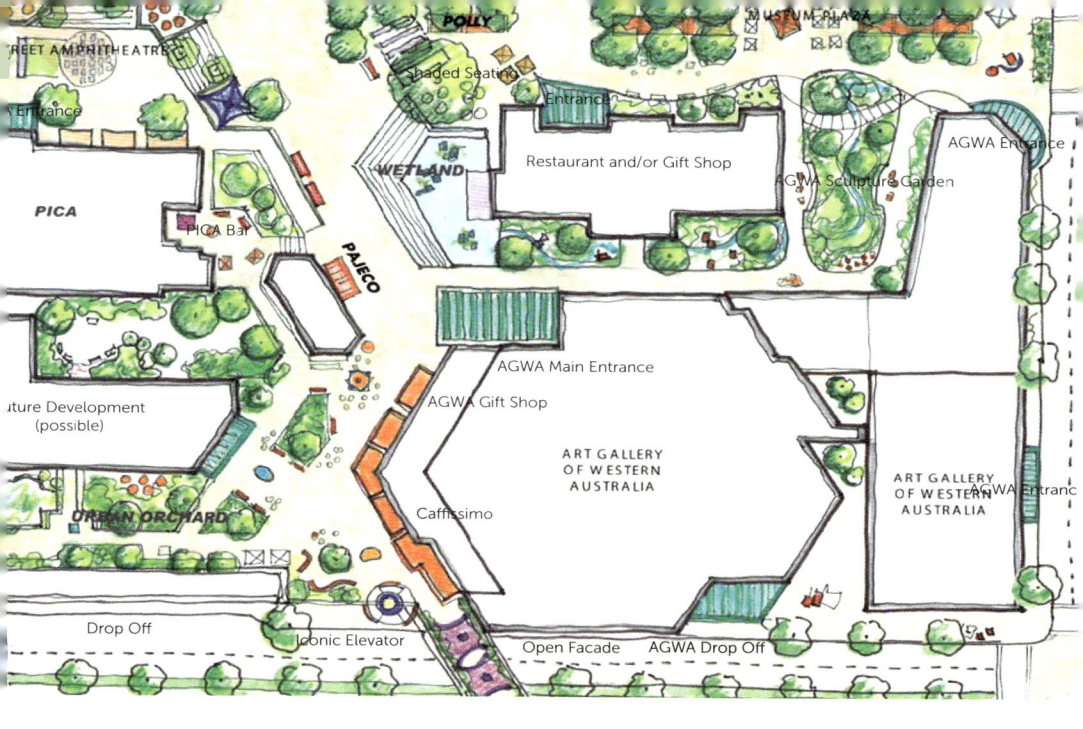

チェックリスト【プレイス・ビジョン】

- ✔ 目標の明文化

- ✔ 対象地の利用者と利用方法の定義

- ✔ 対象地が目指す特徴の説明

- ✔ 対象地のデザインを示した
  コンセプトプラン

- ✔ 対象地と類似する参考事例

↑
パース・カルチャーセンター（p.71-75）のためのプレイス・ビジョンは、プレイスメイキング・ワークショップの結果を創造的に取り入れています。

④ 短期的な実験

プレイスメイキングのプロセスで最も重要なステップは、ビジョンを実行に移すことです。

　よいパブリックスペースは一朝一夕にできるものではありません。重要なのは、「より手軽に、より早く、より安く（LQC）」という方法でプロジェクトを実施し評価することによって、空間の段階的な発展を助けていくことです。

　LQC のプロジェクトは、短期的な改善と短期かつ低予算で実施できるプログラムで構成されており、かつ簡単にやめることも可能です。しかし、プロジェクトそれ自体が目的ではありません。LQC のプロジェクトは、コミュニティのプレイス・ビジョンを実現するため、パブリックスペースを変えるアイデアを試す機会なのです。

　LQC のプロジェクトには、多くの形態があり、時間、資金、労力の程度は以下のようにさまざまです。

- **アメニティ：**可動式の椅子、本とゲームのキオスク、ペチュニアのプランター、定期的に入れ替わるパブリックアートなど、低コストなアメニティを活用して、空間に活気と快適さを与えることができます。

- **イベント計画：**定期的なイベントは機運を盛り上げ、地元の人材を発掘し、新たなパートナーシップを築くことにつながります。単発のイベントは継続的に行われているプログラムの代わりにはなりませんが、新しいアイデアを試したり、コミュニティのビジョンを反映させたりするのに役立ちます。

- **手軽な開発：**仮設建築物は、資本集約的な建設に代わる選択肢を提供します。既存の建物を改修することもできるし、小屋や輸送用コンテナ、テント式の屋根などを新たな用途で使って、アイデンティティを形成し、追加投資を呼び込むこともできます。

チェックリスト【LQC のアクションプラン】

- ✔ 改善点をリスト化する

- ✔ 多様なステークホルダーのできることを明確にする

- ✔ 短・中・長期のプロジェクトに優先順位をつけ、スケジュールを立てる

- ✔ 評価指標を検討する

- ✔ 民間、公共、慈善団体ができる役割を考慮した予算を策定する

↑
LQC のアメニティの例

左：焚き火台（ハーバード・プラザ／マサチューセッツ州ケンブリッジ）
右上：移動図書館（トラヴィスパーク／テキサス州サンアントニオ）
右下：「自分の椅子を持ってこよう!」（ニューヨーク州ニューヨーク）

さらなるアイデア：

可動式の椅子、ガーデン、
季節限定のプール、
仮設トイレ、看板、
卓球・ボッチャ・その他のゲーム、
カラフルに色を付けた横断歩道

↑ LQC のプログラム

左上：パブリックアート（セントラルパーク／ニューヨーク州ニューヨーク）

左下：ファーマーズマーケット（ユニオンスクエア・パーク／ニューヨーク州ニューヨーク）

右上：路上パフォーマンス（ルイジアナ州ニューオーリンズ）

右下：巨大な屋外チェス（ハーバード・プラザ／マサチューセッツ州ケンブリッジ）

さらなるアイデア：

野外映画、ヨガ教室、
芸術や食のフェスティバル、
自転車修理屋、
砂の城や氷の彫刻の大会、
スポーツ大会

LQC による簡易な整備

上：ラ・ヴィレット運河沿いでの夏の活性化イベント（パリ（フランス））
左下：海運コンテナを利用した飲食・小売の複合施設（デカルブ・マーケット／ニューヨーク市ブルックリン）
右下：仮設の屋台（ペーパーアイランド／コペンハーゲン（デンマーク））

さらなるアイデア：

ビアガーデン、 スケートリンク、
ドッグラン、物販、屋台、
アクティビティ用品のレンタル店、
木陰をつくる東屋、
屋外ステージセット

5 継続的な再評価と
長期的な改善

**パブリックスペースのプロジェクトには終わりがないということを
忘れてはいけません。「より手軽に、より早く、より安く(LQC)」の
実験は、プレイスメイキングのプロセスを急発進させることはでき
ても、それだけで完結させることはできません。**

素晴らしい場所を創ることは、常に進化し続けるプロセスを伴います。
1年を通して異なる時間帯に空間の評価を行うことで、これまでのプロ
ジェクトの進展を確認していくことが重要です。優れた公園には、維持
管理とイベント計画担当のスタッフがおり、長期計画の一環として定期
的にまたは毎日評価を行っています。その際にスタッフは壊れているも
のを探すだけでなく、時間の経過とともに空間の一部がどのように使わ
れているかにも注目しています。

これを知っていれば、管理者は空間の変革を継続し、より長期的な
改善を追求することができます。例えば、物理的な障壁を取り除いたり、
ビルの無機質なグランドレベルに活動を生み出したり、イベントや倉庫
のために追加の建物を建設したりすることができます。必要であれば、
専門家、コンサルタント、地域の協力者に加わってもらうことで、残さ
れた特定の課題に対処することができます。

ステークホルダーを常に巻き込んでおくことも、プロジェクトの長期
的な存続を左右します。空間のビジョンが常にコミュニティの目標を反
映するようにすることは、このプロセスにおける最も重要な部分である
ことに違いありません。また、状況の変化に応じて管理計画を変更す
ることで、空間が長期にわたって愛され、よく利用されるようになるで
しょう。

チェックリスト【継続的な改善】

✔ 対象地の各エリアが現在どのように使用されているかを評価する

✔ 対象地の用途の変化や進化に合わせて維持管理をしたり、イベント計画の担当者に変化に合わせたアップデート案を提案してもらう

✔ 必要に応じて管理計画を変更する

🔧 主なツール：行動マッピング（p.160）

↑
ブライアントパークでは、従業員が毎日2回敷地内を歩き、2つの数取器を使って男性、女性、子どもの数を数えています。

ウィリアム・H・ホワイトは
パブリックスペースの
観察と評価に熟達した
人物でした。
彼は、単純で明白なこと
がいかに無視されがち
であるかを私たちに
教えてくれました。

パート IV
ツール&テクニック

**統計やグラフ、数値からパブリックスペースについてわかることは
ありますが、人々が実際にどのように利用しているかをじっくりと
観察することの代わりにはなりません。**

　ウィリアム・H・ホワイトが行ったプロジェクトによると、最大の発見は
直感と、それを踏まえた実地観察から得られます。1970 年、彼はストリー
トライフ・プロジェクトという都市空間を調査する小さな研究グループを
組織しました。彼はそこで、ある場所が他の場所よりも好まれる要因を
観察し、その結果から実践的な教訓を探りました。そして驚くことに、
人が大勢いる場所よりもあまり人がいない場所の方が多いことを発見し
ました[1]。よく考えてみると、そもそも「この発見は驚くほど明白なもの
だったはずだ」とホワイトは述べています。しかし、彼が「仮説を崩すこ
との繰り返しによって、最終的な発見にたどり着いた」とも述べたように、
結論を出すためには、いくつもの空間を直接観察する必要がありました。

　このパートでは、場の利用パターンを観察し、人々の認識を捉え、プ
レイスメイキングのプロセスに人々を参加させるために必要な、実証済
みの手法について説明します。これらの手法は、プレイスメイキングの
プロセスのさまざまな段階で使うことができます。しかし、最も重要な
のは、どの手法がその状況に最も適しているかを理解することです。
PPS の経験では、定性的調査と定量的調査、観察と参加を組み合わせ
ることで、よりよい効果を発揮させることができます。

★訳注 1｜ウィリアム・H・ホワイトはニューヨーク市内の各パブリックスペースの人々の
　　　　様子を調査していた際、地下鉄の雑踏を目にしたことでパブリックスペースに
　　　　は多くの人がいると思い込んでいたが、レクリエーションの場は想定以上に空
　　　　いている場所が多いことに気づいた。

プレイス・ゲーム

　「プレイス・ゲーム」[1] と呼ばれる評価ツールは、しばしばプレイスメイキングのワークショップ（p.144）の基礎となります。ステークホルダーの持つ常識と直感の活用をもとに、パブリックスペースの観察の手引きとなるシンプルな枠組みを使えば、素人から専門家、子どもまで、観察力のある人なら誰でも簡単に参加することができます。

いつ使うか

　この評価ツールを使うと、パブリックスペースの重要な問題を特定し、「プレイス・ビジョン」（p.146）の基礎となる短期的な改善策についてのブレインストーミングをすばやく始めることができます。

　また、他の観察手法と同様に、プレイスメイキングを行うにあたって複数の場面で使用することが可能です。例えば、ステークホルダーとの打ち合わせに活用する、1 日または 1 年の異なる時間帯の特徴を捉える、改善点を検証する、次の取り組み内容を見つける、などが挙げられます。フォーマルにもインフォーマルにも行うことができ、少人数のグループから 200 人規模のワークショップまで活用できます。

どうやるか

　まず、対象地を小区画に分割します。その後、参加者はグループに分かれ、各グループが指定された区画を歩きます。

　参加者はそれぞれ評価フォームを使って空間を評価し、1 人以上の利用者にインタビューを行います。

　その後、参加者は改善のためのアイデアを出し合い、実施に向けてパートナーになりうる人や組織を考えます。

　最後に、ワークショップ全体の場において、参加者はグループで取り

まとめた結果を報告します。観察の結果や、アイデア、上記で考えたパートナーといった情報を記録することで、プレイス・ビジョンや短期的な活用を計画する材料（p.146）としても使うことができます。

↑
参加者は対象地の評価フォームを記入し、その結果をグループのメンバーと話し合います。

★訳注1｜プレイス・ゲームの詳細な内容は「プレイス・ゲーム｜プレイスメイキング・ガイド」にまとめられ、オンラインで公開されている（一般社団法人ソトノバ、UR都市機構による共同研究、2021、https://sotonoba.place/place-game-guide）。

パワーオブ 10＋ワーク

　パワーオブ 10＋は PPS が開発した概念で、多様な都市スケールにおいてプレイスメイキングを評価し、促進するためのものです。これに取り組むことで、コミュニティの関係者たちは、最も成功している場所、最も課題がある場所、そして絶好の機会に恵まれている場所を見つけることができます。これは、建設的な話し合いを生み出し、ねらいとすべきプレイスメイキングの取り組みを確認するための強力なツールとなります。

　この概念の背景にある考え方は、利用者にとってそこにいる（10 以上の）さまざまな理由があることで、場所がよいものになっていくというものです（p.30-31）。都市が成功するか失敗するかは、ヒューマン・スケール、あるいはその「プレイス」の規模によって決まります（この点は見落とされがちですが）。そのため、パワーオブ 10＋ では、特定の目的地での人間の体験に着目することが、地区やまち全体へ直接かつ広範に影響を与える点を強調しています。コミュニティに少なくとも 10 の素晴らしい目的地や地区が存在すれば、人々の一般認識は変化していきます。

いつ使うか

　このワークは、プレイスメイキングのプロセスの初期段階で有用であり、プレイスメイキングの取り組みを進める（既存および新規の）場所を特定し、優先順位をつけるために最も適しています。また、目的地間のつながりと障害をより理解するために、プレイスメイキングのプロセスのさまざまな時点で使用することができます。

どうやるか

　パワーオブ 10＋ のワークに取り組む際、参加者はまち全体や地区、または目的地一帯の地図を使い、素晴らしい場所、よくない場所、機

会に恵まれている場所を特定します。シールで各カテゴリーの場所を示し、マーカーやメモでそれぞれの場所の名前や詳細を記録します。

　その後、各参加者が選んだ場所を他の参加者に説明し、大規模なワークショップでは、グループごとに意見をまとめて他のグループと共有します。このワークの結果を共有することで、コミュニティの力をどこに集中的に投入するかについて、生産的な意見交換を進めることができます。

↑
シールの色で、成功している場所（緑）、課題がある場所（赤）、機会に恵まれている場所（黄）がわかります。

行動マッピング

　行動マッピングは、アクティビティ・マッピングとも呼ばれ、特定のエリアにおける人々の行動を、決められた時間内において調査するものです。ウォーキング、ジョギング、スケートボードのような動的な行動から、日光浴をする、座る、横になる、話す、読むなどの静的な行動も記録されます。

いつ使うか

　行動マッピングは、空間におけるさまざまな施設の配置やデザイン、管理方法の変更などを決定するにあたって、最も有益なツールのひとつです。例えば、運動場の隣にあるピクニックエリアはいつも利用されている一方、別のエリアはめったに利用されていないことなどを示すことができます。

　このような集中的な情報の記録プロセスを通じて得られる気づきは、非常に貴重なものとなります。しかしながら、その場所がどのように機能しているかを包括的に把握するためには、データを体系的（つまり1日、1週間、1年のさまざまな時間帯）に収集するよう注意しなければなりません。例えば、あるジョギングコースは、ある時間帯には何の問題もないように見えるかもしれません。しかし、他の時間帯を観察してみると、自転車とジョギングをする人が同じスペースを取りあうように使っていることもあります。

　また、すべての観察者が情報を正確かつ一貫して記録するよう訓練しておくことも重要です。もし観察者が、プールにいる若者の数や、道路沿いに駐車している車の数を記録するのを忘れてしまったら、そのデータ自体が無効となりますし、他の観察者のデータも無効になってしまうでしょう。

どうやるか

　行動マッピングの記録用紙は、パブリックスペースの地図と、人々の活動とその種類について観察した情報を記録する表の2つからなっています(p.162)。地図には、樹木、施設、椅子、噴水、その他の目立つ特徴を記載して、もうひとつのフォーム（表）には観察の時間帯を記入します。

　マッピングの目的に応じて、どんな種類の情報が必要か、また、その場所全体のアクティビティを記録する必要があるのか、あるいは特定のエリアのみの活動を記録する必要があるのかを判断します。例えば、

↑
行動マッピングは、カリフォルニア州ロサンゼルスにあるオリジナル・ファーマーズマーケット前の光景のように、賑やかなパブリックスペースにおける多くの人々やアクティビティを理解するのに役立ちます。

ある空間の問題を全般的に理解することが目的であれば、その空間全体をマッピングすることになります。ある空間内の遊び場をデザインし直したいのであれば、そのエリアだけを観察すればよいでしょう。

行動マッピングは、止まっている人と動いている人の両方を記録することができます。しかし、移動している人は数が多すぎたり、動きが速すぎたりすることが多いため、こういった情報はカウント（p.164）で記録するのがベストでしょう。行動マッピングは、静止している人に限定した場合に最も効果を発揮します。

交流などある種のアクティビティは、往々にしてピクニックのような特定のアクティビティとあわせて行われます。このため、記録するアクティビティの種類や定義、1人の観察対象に対して複数のアクティビティにチェックを入れるかどうかを決めることが重要です。

マップを作成する場所の端に立ち、用紙上部の情報と、行われているすべてのアクティビティの両方を記入します。例えば、65歳以上の女性2人が食事や交流をしている姿を見かけたら、「女性」の欄に「2」と記入し、該当の年齢の欄にも「2」と記入します。そして、彼女たちが行っているアクティビティ（座っている、食事をしている、交流をしている）にチェックを入れます。人やグループの正確な位置を落とし込み、マップ上のあらゆる物理的要素との関係を示すことが重要です（例：ベンチに座っている人と芝生に座っている人の区別）。

アクティビティ：

| グループ | 性別 | | 年齢 | | | | | | 読書 | 社交 | サイクリング | 犬の散歩 | | | | | 備考 |
	男性	女性	0-6	7-18	19-34	35-50	51-65	65歳以上									
1	1	1			2				2								
2		4	1				3		4	1							
3	1	1	1			1				2	1						

↑ **行動マッピング記録用紙のサンプル**

マップ作成にかかる時間はさまざまで、多くの人がそのエリアを利用している場合は、30 分ほどかかることもあります。1 回のマッピングにかかる妥当な時間は 10 分から 20 分程度で、次のマッピングまでの間に他の観察や聞き取り調査の時間をとることができます。行動マッピングは通常、1 日に 6 回以上、一定の間隔で行います。

　複数の観察者が、異なる場所で同時にマッピングを行う場合、情報を一貫した方法で記録し、比較できるようにする必要があります。アクティビティの少ない場所では、ある時間帯に起こったことすべてを記録します。例えば、バス停や公園のベンチを利用した人すべてを記録するなどです。

　一連の行動マップに場所が完全に記録されたら、次はデータの分析です。まず、それぞれの用紙の一番下に合計を集計します。次に、データを（複数の）調査地点とアクティビティを一緒に示したシートに統合します。そして、その結果がプロジェクトとどのように関連しているか、結論を導き出します。例えば、維持管理スケジュールを見直すことで、場をより清潔で魅力的にするというプロジェクトであれば、マッピングから得られる重要な情報は、空間の中でどの部分が 1 日のどの時間帯に使われているかや、さまざまなエリアでどのようなアクティビティが行われているか、などです。この情報を使って、いつ、どこで、どのような清掃や補修を行うべきかを定めた新しい維持管理スケジュールを立てることができるでしょう。

カウント──数値データの収集

　カウントは、特定の場所にいる人、車両、その他のものについて、簡単な数値データを収集する体系的な方法です。

いつ使うか

　カウントは、そのデータが比較可能である場合には、意味のある情報をもたらします。ある空間にいる女性の総数を男性の数と比較したり、異なる時間帯の女性の数と比較すると、はじめて意味のある情報となります。カウントによって、ストリートにおける自動車の利用状況や、特定の地点から公園に入る人の数、あるいは一見混雑しているように見える自転車道が実際に混雑しているかどうかなどを調べることもできます。加えて、カウントすることは、単なる数量にとどまらない具体的な注目ポイント（例えば、60 歳以上の人の割合）を見つけるのに役立ちます。

どうやるか

　何を数えるかを決め、数える時間の長さと頻度を決めます。カウントの時間の長さは、何をカウントするか、代表的なサンプルを得るのにどれくらいの時間がかかるかによります。例えば、商店街の人々を数える場合、ある目印の前を 6 分間に歩行者が何人通り過ぎたかを数えるとします。そして、その人数を 10 倍すれば、1 時間あたりにそのストリートを歩く人の数を知ることができます。ウィリアム・H・ホワイトが使った「経験則」のひとつに、小売業を確実に支えるためには、少なくとも 1 時間あたり 1000 人がストリートを歩くことが必要というものがあります。

　集計後、結果を分析し、グラフ化することで要点を明確にすることができます。例えば、ある大通りを歩く人の総数を時間ごとにグラフ化することで、利用者の多い時間帯と少ない時間帯を明らかにすること

がができます。

　そして、データは提言に使用することができます。例えば、交通データを活用すれば、車線を歩道に変更するよう交通局を説得できるかもしれません。問題を理解し、それ

↑
歩行者を数える作業を繰り返し行う場合には、数取器を使えばカウントがかなり容易になります。

を伝えるために「信頼できるデータ」が必要とされる状況では、カウントには特に価値があります。しかし、カウントするだけでは意味をなさないことも多くあります。最も難しいのは、このデータと空間全体に関する発見を総合的に考えることです。他の種類のデータと組み合わせることで、カウントはより効果的になります。

トラッキング——人々の動きの追跡

　トラッキング（追跡）とは、その場所がどのように利用されているのか、どのように人々が動いているかを知るために、観察者がその場所を通り抜ける人々を追うシンプルな観察手法です。

いつ使うか

　トラッキングは、ある場所のどの経路が最も多く利用されているかを明らかにしたり、人々がある場所から別の場所へ移動する経路や、人々がどのようにストリートを横断するかを把握したりする際に役立ちます。あるエリア内で、動線が問題となっている場合にのみ、この調査は有益です。例えば、ファーマーズマーケットのとある屋台が、他の場所の屋台ほど利用されていないとします。このような場合、トラッキングを行うことで人々が最も好んで利用するルートを示すことができます。また、立ち寄る場所や、特定の問題に関する人々のコメントや会話などの詳細な情報についても、トラッキングで観察できることがあります。

　トラッキングは難しくはありませんが、持続的な集中力と注意力が要求されます。また、限られた情報しか得られないため、求める情報が得られると確信できる場合にのみ使用すべきです。

どうやるか

　トラッキングは比較的シンプルで、3つの方法があります。

　1つは、見晴らしのよい場所から空間全体を直接観察する方法です。この方法は、シンプルで混雑していないスペースにおいて最も効果を発揮します。一方、次の2つの方法は、公設市場のような、より複雑で混雑した空間において特に有効です。

　2つ目の方法は、1つ目の方法と同じような視点場にタイムラプスカメラ

(p.168-169) を設置し、後で映像を見直すことです。

　3つ目の方法は、人々の後をつけることです。いずれの方法にせよ、地図を印刷するか描くかして、そこに人々がどこに行ったかを記録します。

　こうして多くの動線を記録していくと、パターンが明らかになります。浮かび上がってきた動線のパターンを分析することで、どの動線がデザインの改善によって強化できるか、どの動線を排除すべきか、どのような動線を新たに追加すべきかを判断できるでしょう。

ニューヨークのアスター・プレイスの早朝の人の流れ。下図はこれをシンプルなトラッキングマップに書き起こしたもの。

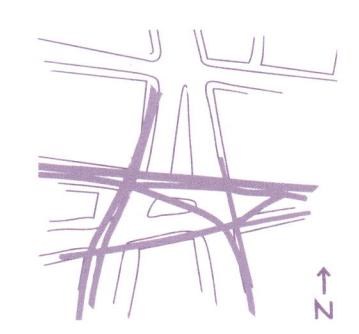

タイムラプス撮影

　タイムラプス撮影は、ビデオや写真機材を使って長時間にわたってパブリックスペースを観察するものです。このテクニックを、このパートの他のテクニックと組み合わせることによって、ある空間での日常生活について多くのことを学ぶことができます。

いつ使うか

　タイムラプス撮影は、長時間の観察が必要な多くの場面で効果的に使うことができますが、単にその場所をタイムラプスで撮影するだけでは、来訪者の利用に関する適切な情報が得られるとは限りません。

　タイムラプス撮影が最も適しているのは、現場にいる調査員だけで記録するのが難しいような、多くの人々やアクティビティで賑わう場所です。タイムラプスの分析は、それ自体がひとつのプロジェクトになる可能性があることに注意してください。この種のデータの分析には非常に労力と時間がかかります。

どうやるか

　ビデオの使用も、他のデータ収集ツールを使うときと同じように行います。カメラを設置する前に、まず扱う問題を定めて、より具体的な問いを立てるというプロセスを踏まなければなりません。また、得られた映像からどのようなデータを取得し、どのような形で記録し、どのように問題解決に寄与するのかを明確にする必要があります。

　よくやってしまうのは、興味深い詳細情報ではあるものの、デザイン上の意思決定には無関係なものを大量に収集してしまうことです。逆に情報の量を絞りすぎることも容易ですが、情報が一般的すぎたり自明すぎたりして、本当の価値を見出せません。また、たとえビデオが適切

で価値のあるものであったとしても、行いたいデータ処理に対してカメラの設定が間違っていることもあるかもしれません。

次に、現場が最もよく見え、機材を固定し電源を確保できる場所を1か所以上探します。通常、撮影は夜明けから夕暮れまで、数日間（平日と週末）にわたって、および特別なイベントのときに行います。

撮影が終わったら、カウント（p.164）やトラッキング（p.166）、行動マッピング（p.160）を使ってデータを分析します。

↑
タイムラプスカメラを設置することで、現場の調査員が見逃してしまうような新たな気づきを得ることができます。

トレース（痕跡）の測定

　人は場所を利用するとき、痕跡を残します。この手法は、この単純な事実から、人々がパブリックスペースをどのように利用しているかを知るものです。

　トレース（痕跡）の測定は、通常、物的証拠と摩耗による痕跡の2つに分類されます。物的証拠とは、瓶やタバコの吸い殻、その他のゴミなど、人々が残したものを指します。朝、公園の片隅で発見されたビール缶は、前の晩に公園がどのように使われていたかを物語っています。特定の時間帯（ランチタイムなど）に溜まるゴミは、その時間帯に広場がどの程度利用されるかを示しています。ゴミの種類（レッドブルの缶やペリエのボトル）は、そこにたむろする人々のタイプを知る手がかりにもなるでしょう。

　摩耗による痕跡とは、地面、壁、家具、手すりなどの表面に明らかに、あるはひっそりと見られる、使い込んだ形跡です。芝生を横切るすり減った通り道は「デザイア・ライン」（自然発生的な経路）とも呼ばれ、多くの人がそのルートを通って近道をした証拠です。すり減った階段、滑らかに磨かれた手すり、壁からはげ落ちたペンキなどはすべて、利用のパターンを示しています。

いつ使うか

　痕跡を記録することは、観察ではなかなかわからないアクティビティを理解するよい方法です。プロジェクトの開始時に、その場所で何が起こるかについての仮説を提案するのに最も役立ちます。この情報は、ゴミ箱の増設、リサイクル・プログラムの導入、広場の通路の再設計などといった具体的な改善の事例をつくるのに非常に役立つのです。

どうやるか

　痕跡は必要な時々に記録すればよく、マップ上か、マップの範囲に対

応するように番号を振った用紙に観察結果を書き留めます。

　記録する情報の種類にもよりますが、頻度は1日に1回、1週間に1回、あるいは1か月に1回で十分です。とはいえ、例えば、1日のうちで時間帯によるゴミ箱のゴミの量の変化を記録したり、年に1度、遊具の摩耗や破損を記録する場合もあるかもしれません。

↑
草をすり減らしてできたこの「デザイア・ライン」（自然発生的な経路）は、人々が本当に歩きたい場所を示しています。

インタビュー＆アンケート

インタビューやアンケートは、人々の行動を観察することではわからない態度、認識、動機を調べるものです。観察の手法と同様、インタビューも方法によって得られる結果の種類が異なります。

インフォーマル・インタビューとは単に会話のことで、通常、パブリックスペースでのアクティビティに関する話をします。インフォーマル・インタビューは一般的に、人々がその場所をどのように認識し、利用しているかを知るために行われます。回答を記録する際、用紙やビデオ、録音テープに、人々が使う言葉やフレーズを正確に記録することが重要です。

ガイデッド・インタビューはより構造化された方法で、インタビュアーが一連の質問やトピックを掘り下げていきます。各人から得られる情報は、質問やテーマなどの点で比較可能でなければなりません。ガイデッド・インタビューは非常に柔軟なもので、インタビュアーは質問を言い換えたり、特定のトピックに関するインタビュー対象者の考えをさらに探るために追加の質問をしたりすることができます。

アンケート調査には、慎重に表現され、順序付けられた、変更されることのない質問が必要です。選択式の質問の後に、特定の点についてより個人に応じた考察ができるような確認の質問をすることがよくあります。選択式の質問は簡単に記録することができますが、例えば「他にどのような活動をここで見たいですか？」といったような自由回答形式の質問をすると、人々がアイデアを出し合うことができ、その場所の新しい計画を立てる上で貴重な意見となります。

インタビューでもアンケートでも尋ねられる質問の種類は、一般的に次の3つに分類されます。

（1）利用─誰が、どれくらいの頻度で、いつ、なぜその空間を利用する傾向があるのか？

（2）空間に関する意識、意見、問題点

（3）空間を改善するための提案やアイデア

いつ使うか

　ある場所がどのように使われているかを観察するのは比較的簡単ですが、なぜ使われていないのか、どうすればよりよくデザインできるのかを見出すのは、より難しい課題です。一方、インタビューやアンケートは、こうした隠れた質的な問題を明らかにするのに役立ちます。

↑
質問によっては、現地のパブリックスペースで人々にアンケートを取ることで、最もよい結果を得られることもあります。

対面でのインタビューとアンケートの方法

　インタビュアーは、人通りの多いパブリックスペースで通行人を呼び止

めます。理想的には同じ時間帯に複数の場所に立ち、回答者を無作為に選びます（例えば、3人ごとに）。

　各インタビュー場所にはテーブルと椅子を用意し、インタビュアーを2人ずつ配置するのが理想的です。1人がテーブルで質問に答えるのを手伝い、もう1人が近くに立って通行人に質問に答えてもらうように呼びかけます。また、身分証明書と、調査者の名前と調査の内容について記された、実施団体がわかる公式書類を持参しましょう。

　可能であれば、1回のインタビューにかかる時間は15分以内とし、その時間を前もってインタビュー対象者に伝えておきましょう。相手が一緒に読み上げられるように、質問文のコピーを渡しましょう。特に相手の母国語をこちらが話せない場合は、翻訳したものを渡すとよいでしょう。

　礼儀正しく会話し、回答に興味を示すことを忘れないでください。回答者の声のトーン、身振り手振り、表情から、次の質問をするタイミングや、引き下がるタイミングを判断することができます。

オンラインアンケートの方法

　現在では、Eメールやウェブサイトを通じて配信されるアンケートの作成、送信、データ収集をするための無料ツールが数多く存在します。オンラインアンケートは、その空間の利用者だけでなく、幅広い対象にアプローチするのに適しています。これは、調査対象のパブリックスペースに、現地調査やインタビューを実施するのに現状で十分な人通りがない場合に特に有効です。

　新しく強力なウェブベースのアンケートプラットフォームが毎年のように登場するので、使用するプラットフォームを決める前に、いろいろと見て回りましょう。ブラウザ上で最適に機能するプラットフォームもあれば、スマートフォンやタブレット用のモバイルアプリとして効果を発揮するプラットフォームもあります。

アンケート設計のための
7つのヒント

1 **すべての質問に答えてもらえるようにする。**アンケートにかかる時間
を短くすることで、回答してくれる人の数が増えます。

2 **簡単な言葉を使う。**回答者が専門的な職業グループに属していな
い限り、専門用語は避ける。

3 **恥ずかしい質問、あいまいな質問、誘導的な質問は避け、自由形
式の質問は控えめにする。**

4 デザインや管理の**意思決定をし、行動を起こす**のに役立つ質問を
優先する。

5 関連するトピックの質問をまとめたり、最も簡単な質問から難しい
ものへ、最も個人に関わらない質問から関わるものへと順番に並
べたりすることで、**アンケートの構造**を整える。

6 **他に意見や提案**がないかを聞き、回答者の参加に感謝をしてアン
ケートを終える。

7 対象者に近い少人数のグループで**アンケートをテストする**ことで、
時間、労力、費用を節約する。空白の回答や誤解に注意する。
質問の意図と異なる回答に関しては、ほとんどの場合、回答者で
はなくあなたに原因があります。

ポップアップ・エンゲージメント
──仮設による小さな参加

　基本的に、本格的に参加したい人は比較的少人数ですが、少しだけ参加したい人は大勢います。

　ポップアップ・ステーション[1] は、パブリックスペースにおいても、他のコミュニティのたまり場やイベントにおいても、人々がすでにいる場所に小さな参加の機会をもたらすことで、より幅広いステークホルダーに接触するのに役立ちます。

いつ使うか

　対象地が決まった後、ポップアップ・エンゲージメントは、パブリックスペースについての認知度の向上や、その場所の改善点についてのブレインストーミングなどを行うために、プレイスメイキングのプロセスのほぼすべての段階で使うことができます。

　これは、プレイス・ビジョンを策定する初期段階だけでなく、継続的な改善や評価の一環としても有効です。オープニングセレモニーのタイミングでポップアップ・ステーションを設けることが、オープン後も変化の勢いを持続するためには理想的です。

どうやるか

　ポップアップ・ステーションには通常、新しいアクティビティ、アメニティ、改善点の候補を示すイメージ画像があり、丸シールを使って投票することができます。また、付箋やマーカー、フリップチャート（模造紙）も用意し、人々が自分のアイデアを提案できるようにします。

　人々の個人的な経験から回答が導かれるような、明瞭で興味深い質問を盛り込むと、思考が活発になり、自由形式のブレインストーミングも容易になります。例えば、「中心市街地のパブリックスペースにどのよ

うなアクティビティがほしいですか？」といった内容です。

　ポップアップ・ステーションを設置するための賑やかな場所を見つけることも成功の鍵です。すでに多くの人がいる場所に行きましょう。お祭りやパフォーマンスのような大きなイベントはもちろん、学校や教会などの日常的な場所や、よく使われているパブリックスペースに設置するのも効果的です。特定のグループにリーチしたい場合は、どの場所にどのような人々が集まるかを簡単に調査しましょう。

↑
通行人にシールを貼ってもらい、潜在的な用途やアクティビティの候補に投票してもらうのは、より幅広い人々にアプローチする簡単な方法です。

★訳注1｜仮設的でインタラクティブ（双方向交流）
　　なスペース。例：モバイルカフェ、コミュ
　　ニティガーデン、移動図書館等。

おわりに

場を変えることが常に簡単にいくとは限りません。

　プレイスメイキングの最初の実験はすばやく簡単にできますが、多くの課題に直面しますし、大きな変化には年数がかかります。しかし、プレイスメイキングの価値は世界中で何度も証明されてきています。

　本書は、パブリックスペースへの長年の取り組みから学んだ教訓の一部をまとめたものです。ここに記したことをはるかに上回る成果をあげた人も、数多くいます。私たちは日ごろの活動の中で、そういった人たち、特にプレイスメイキングのムーブメントを世界規模に発展させている熱狂的な人たちから、学び続けています。パブリックスペースをより訪れやすく過ごしやすいものにする草の根の活動家からプレイスメイキングの専門家まで、あらゆる人にとって本書がガイドとなるよう願っています。

　最後に、パブリックスペースはコミュニティの多大なる創造性を活かした良識に基づく実践によって、素晴らしいものになります。真のプレイスの変化は、実行することについてただ話すことではなく、実行自体に力を入れること、そして長期的な空間の利用や維持について注意を払うことによって実現されます。

　ウィリアム・H・ホワイトによる最も大事な教えのひとつは、とても小さなパブリックスペースにも、コミュニティの生活の中における固有の価値があるということです。彼の言葉は今日でも私たちの活動の指針であり、素晴らしいパブリックスペースをつくるための彼のアイデアによって、暮らしの変化が生まれ続けています。だからこそ、努力してこの活動を行う価値があるのです。

"ここで、小さな空間への称賛とともに締めくくります。掛け合わせの効果はとても巨大です。空間を使う人だけでなく、そこを通過するより多くの人々も間接的に空間を楽しんでいますし、さらに多くの人がその場の存在を知ることでまちなかによい感情を抱きます。まちにとって、そのようなプレイスはコストがどうであれ、値段のつけられない貴重なものなのです。"

—ウィリアム・H・ホワイト

日本でのプレイスメイキングの
普及と実践に向けて

泉山塁威

本書の位置付け

　本書は、『How to Turn a Place Around: A Placemaking Handbook』(Project for Public Spaces, Inc.、2018) [1] の邦訳本です。原著は世界のプレイスメイキングのフロンティアである、アメリカの NPO 団体「Project for Public Spaces」(PPS) [2] が発行しました。この本は、プレイスメイキングの基本的な考え方、事例、リサーチ手法などがまとまっており、PPS がプレイスメイキングを普及するために使用しています。

　この原著は第 2 版にあたります。初版の原著は『How to Turn a Place Around: A Handbook for Creating Successful Public Spaces』(2000) [3] であり、その邦訳本は、『オープンスペースを魅力的にする：親しまれる公共空間のためのハンドブック』(学芸出版社、2005) [4] として出版されています。まだプレイスメイキングの普及が日本でも世界でも発展途上であった 2000 年代に出版された初版本は、パブリックスペースや都市計画などの専門家の間で、注目されるものとなりました。

　今回の邦訳にあたっては、2 点のポイントがあります。①そもそも原著が大幅にアップデートされた中で、そのプレイスメイキングのインパクトがさらに大きく進化した点、および、②日本のプレイスメイキングの認知度や関心が 20 年の経過とともにアップデートされた点です。いよいよアップデートされた『How to Turn a Place Around』とともに、日本でプレイスメイキングを普及する時代が到来しました。まさに機は熟したと言えるでしょう。

初版からの改訂ポイント

　18 年ぶりに改訂された原著の初版との違いは、初版がアメリカのプレイスメイキングのアプローチを紹介していたのに対し、第 2 版はアメリカ以外の世界中でのプレイスメイキングの実践事例の紹介や手法の解説をしていること、また、プレイスメイキングの普及という点においては、モノクロ版からカラー版となり、新たなデザインの図版となっていることです。まとめると、以下の 4 点がバージョンアップされています。

- 「パートⅡ. プレイスメイキングの11の原則」に新たなケーススタディが追加 (アメリカ以外の国も追加：メキシコ、オーストラリアなど)
- 「パートⅢ. プレイスメイキングのプロセス」にプレイスメイキングの5 ステップ (コミュニティの関与からビジョン作成、実施に至るまで) が追加
- 「パートⅣ. ツール＆テクニック」に、プレイス・ゲーム、パワーオブ10＋ワーク、タイムラプス撮影、ポップアップ・エンゲージメントが追加
- 新しい図版のデザインと鮮やかなカラー写真の追加

日本のプレイスメイキングの現状と世界的な展開

　プレイスメイキングの定義は多様です。その上で、プレイスメイキングのグローバルネットワーク組織「PlacemakingX」は、「人々が集まり、パブリックスペースをコミュニティの中心に再想像し、再創造するための共通の理念」[★5]と定義し、世界の共通認識となっています。つまり、コミュニティを中心にプレイス・ビジョンを描き、ビジョンを実現するために向かうプロセスとも言えます。

　日本ではプレイスメイキングの理解は乏しく、「プレイスメイキングって何？」という方には本書をお薦めします。そのために日本語版を世に出したと言っても過言ではありません。時々、「言葉は重要ではない」と聞

きますが、私も、実践においては「プレイスメイキング」という言葉が必ずしも重要ではないと思います。しかし、哲学や手法を理解するには言葉は重要です。

日本では、2014年に国土交通省主催の「プレイスメイキングシンポジウム」が開催されました。コペンハーゲンの専門家ヤン・ゲールが来日し、その後日本は「ゲール・インパクト」と言える状況となりました。これは、私が勝手に名付けたものですが、ヤン・ゲール来日以降、人中心のパブリックスペースが求められるようになり、日本の実践者は人のアクティビティ調査や効果検証、またはその研究を重視するようにシフトしました。それは現在も続いています。このシンポジウムをきっかけに日本でプレイスメイキングが言葉として頻出するようになりました。その後、『プレイスメイキング』(学芸出版社、2019)[6] という本も出ています。

しかし、ヤン・ゲールはプレイスメイキングという言葉を使っていません。彼の中心的なキーワードはパブリックライフ (Public Life)、人間の街 (Cities for People) です。そこに多くの共通点はありますが、ではあえて、プレイスメイキングにこだわるのはなぜか。そこが重要でしょう。

2019年に前述のPlacemakingXが設立されました。PlacemakingUS、Placemaking Europe、Placemakers Asia など世界中の都市や地域でプレイスメイキングのネットワークが広がっています。Placemaking Week、Placemaking Weekend などプレイスメイキングのネットワーキングや国際会議も各地で広がっており、その情報は PlacemakingX のウェブサイトで見ることができます。さらに、Regional Network Leader (地域ネットワークリーダー) が世界各地にいます。日本では、本書解説担当の泉山塁威、田村康一郎が務めています。時折、世界のプレイスメイカーたちと Placemaking Week やオンライン会議で情報交換をしています。

ヨーロッパでは、オランダ拠点の City at Eye Level (STIPO)、アジアでは、マレーシア拠点の Think City、オーストラリアでは、Town Team Management などプレイスメイキング推進組織も各地にあります。

もはや PPS だけがプレイスメイキングを展開する時代ではなくなりま

した。しかし、PPS、そして、ニューヨークのブライアントパークがプレイスメイキングの震源地であることは間違いありません。

　私は当初はプレイスメイキングに半信半疑でしたが、2019 年にマレーシアで開催された「Placemaker Week ASEAN 2019」で世界中のプレイスメイカーに出会い、話を聞き、プレイスメイキングとその価値に魅了されました。

日本になじむプレイスメイキング

　プレイスメイキングは、トップダウンでスピーディーに施策が展開できる国にはあまり重要ではありません。むしろボトムアップで自治体、民間、地域がフラットに連携して、公民地域連携で施策を進める地域が多い日本には向いていると考えています。日本には、エリアプラットフォーム、エリアマネジメントが展開しています。さらにこれまで町内会、商店街、NPO などの活動が展開しました。多様なセクターが協議、合意形成して進める要素が他の海外都市よりも強いのではないかと感じています。アメリカには、BID（ビジネス改善地区）という日本のエリアマネジメントの高度版のような仕組みが長年存在します。BID はプレイスメイキングとの関連が深く、レベル感は異なりますが、日本にも親和性があります。

　多様な主体が合意形成、連携していくには、共通のビジョン（プレイス・ビジョン）、ビジョンに基づいた戦略、施策、推進体制をまとめていく必要があります。しかし、誰がそのビジョンに初めから簡単に乗ってくるでしょうか。そして、どう人々を巻き込めばよいのでしょうか。その鍵は、オーナーシップ（スチュワードシップ）、日本に親しみがある言い方では「愛着」です。パブリックスペースや街への関心と愛着を高めることです。各セクターへのメリットを視覚化し、共通する目的を共有するための会議、調査（プレイス・ゲームなど）、社会実験、プレイス・ビジョンなどが重要です。そこまで行けば、あとは「誰がやるか、誰とやるか」の推進体制としてのエリアマネジメント団体を設立し、事業を実施していきます。これらは、

プレイスメイカー、さらにはプロフェッショナルとなるプレイスマネージャーが推進していきます。Why（＝なぜやるのか）はプレイス・ビジョンで共有していれば、もはや疑うことはありません。前に進むだけです。これらのヒントや方法、事例が本書に詰まっています。

　ぜひ、日本のプレイスメイカー、そして、プレイスマネージャーが本書をきっかけに増えたら幸いです。それが意味するのは、日本にプレイスメイキングが増え、根付き、身近な街やパブリックスペースへの愛着が増すことです。そうして生まれた人中心のパブリックスペースは、街を映し出す鏡となるでしょう。

参考文献

★1│Kathy Madden, *How to Turn a Place Around: A Placemaking Handbook*, Project for Public Spaces, Inc., 2018.

★2│プロジェクト・フォー・パブリックスペース　ウェブサイト（https://www.pps.org/）

★3│Project for Public Spaces, *How to Turn a Place Around: A Handbook for Creating Successful Public Spaces*, Project for Public Spaces, Inc., 2000.

★4│プロジェクト・フォー・パブリックスペース著、加藤源監訳、鈴木俊治、服部圭郎、加藤潤訳『オープンスペースを魅力的にする：親しまれる公共空間のためのハンドブック』学芸出版社、2005

★5│PlacemakingX ウェブサイト（https://www.placemakingx.org/faq#1）

★6│園田聡『プレイスメイキング：アクティビティ・ファーストの都市デザイン』学芸出版社、2019

地域と分野を超えて広がる
プレイスメイキングの地平

田村康一郎

国・文化に限定されないプレイスメイキング

　本書の初版が発行・翻訳されてからおよそ 20 年。その間に日本での
プレイスメイキングという言葉の認知の高まりや、プレイスメイキングを
掲げた実践の広がりが見られてきました。これは、日本に限らず世界の
多くの国でも同様です。解説①で紹介された通り、世界各地で地域や
国単位でのネットワークが形成されており、2024 年 4 月現在では少なく
とも 33 を数えます[1]。世界でのプレイスメイキングの浸透は、本書の
原著が 2018 年に出版されて以降、より加速しています。本書の翻訳者
である泉山、田村、田邉らは Placemaking Japan を 2021 年に立ち上げ、
国内でのプレイスメイキング普及啓発に取り組んでいます。

　33 の地域ネットワークの中には、アメリカおよびヨーロッパ以外のもの
が多く含まれます。このことはつまり、プレイスメイキングという理念およ
び手法が特定の —— 特に西洋の —— 都市や文化で成り立つものではな
く、さまざまな地域において有用であり、求められていることを示してい
ます。人が集まってプレイスをつくる営みは国を問わず人類がもともと行っ
てきたことであり、プレイスメイキングという概念はある意味、そのこと
を評価しながら実践的な枠組みを与えたものと考えられるでしょう。

　それでは、なぜ今プレイスメイキングが全世界に波及していっている
のでしょうか。それは、現代の都市およびコミュニティにおける諸課題
に強く関係しています。本稿では、このことを 2023 年 11 月にメキシコ
シティで開催された Global Placemaking Summit（以下、サミット）での
議論内容をもとに紹介します。

プレイスメイキングに関する多様な世界的テーマ

　プレイスメイキングの世界サミットは初となる試みで、世界 68 都市の 80 団体からプレイスメイキングに取り組むリーダーらが集まり、Placemaking Japan からも筆者らが参加しました。サミット中は 5 日間にわたり、40 以上のプレイスメイキングにまつわるアジェンダ（議題）について参加者の間で議論が交わされました。このアジェンダから、さまざまな場所でプレイスメイキングが求められる今日的意義を見ることができるので、次の表で紹介します。

表：2023 年の Global Placemaking Summit で議論されたアジェンダ

	起点	対象
何を	**人**	**パブリックスペース**
	・ 人種・先住民とプレイスメイキング ・ LGBTQ+ とプレイスメイキング ・ 子どものためのプレイスメイキング ・ 高齢者のためのプレイスメイキング ・ 女性のためのプレイスメイキング ・ 若者のためのプレイスメイキング ・ 障がい者のためのプレイスメイキング ・ 住居のない人のためのプレイスメイキング ・ 自然とプレイスメイキング ・ 難民とプレイスメイキング＆ピースメイキング（平和構築）	・ プレイスとしての建築 ・ モビリティの停留所と駅 ・ スポーツ施設 ・ 公共建築物としてのパブリックスペース ・ パブリックマーケット ・ 地方のプレイスメイキングと商店街 ・ プレイスとしてのストリート ・ 都市公園とコミュニティのためのプレイス ・ 水辺 ・ 冬季のプレイス ・ 郊外
どうやって	**戦略**	**成果**
	・ 娯楽・音楽・芸術 ・ クリエイティブ・プレイスメイキング（アート活用） ・ デジタル・プレイスメイキング ・ プレイスメイキングの資金 ・ LQC（簡単に早く安く）アプローチ ・ プレイスメイキングのための慈善活動（フィランソロピー） ・ プレイスのガバナンスとマネジメント ・ プレイス主導型開発 ・ 学術・研究におけるプレイスメイキング ・ プレイスメイキングのツールとプロセス	・ 気候変動への対応と持続可能性 ・ 民主主義と参加 ・ 経済の発展とイノベーション ・ 公平性と包摂性（インクルージョン） ・ 地域の食と関連産業 ・ 場所への愛着と魅力 ・ 遊び・喜び・幸福 ・ 公衆衛生 ・ リジェネラティブな（再生的な）観光・プレイスツーリズム ・ 安全性とセキュリティ

個々の説明は紙幅の都合上割愛しますが、表を見るとあくまで空間や手法（戦略）はプレイスメイキングの一側面であり、きわめて多岐にわたる都市・地域課題や切り口が関係していることがわかると思います。あらゆる都市・地域課題に対して、プレイスの視点からアプローチを試みているという見方が当てはまるかもしれません。

　特に表の中の「人」や「成果」の項目には、日本にいるとイメージしにくいものが多いかもしれません。実際、サミットにあたってこのアジェンダ項目についての国内アンケートを実施した際、「成果」の項目の中では「場所への愛着と魅力」と「遊び・喜び・幸福」に、回答者の注目が集中していることがわかりました。もちろん、世界の多くの都市で均質化（プレイスレス化）が進んでいることは課題であり、場所への愛着を生み出すことの重要性は共通しています。しかし、それに加えて近年さまざまな国や地域で、気候変動や民主主義、公平性といった社会システムレベルの課題との関わりが、プレイスメイキングの文脈でも重要なテーマとして意識されています。言うならば、プレイスメイキングによって空間のデザインや利用の変化だけでなく、場所を起点に社会や市民生活の変化につなげていくことも期待されているのです。

目の前の実践からつながる空間と社会の変化

　このように、プレイスメイキングの射程は時代に応じて広がっており、その流れは本改訂版の原著出版後にも進んでいます。ただ振り返ってみると、パブリックスペースの変革と社会システムの課題解決を一体的に捉える考え方は、プレイスメイキングの黎明期から存在していたものです。PPS の創設メンバーでありプレイスメイキングの提唱者であるフレッド・ケント氏は、1970 年代にニューヨークで世界的な環境保護のイベント「アースデイ」を立ち上げた人物でもあります。アースデイで 5 番街を車両通行止めにしたことは、環境保護運動のはしりであったと同時に、彼自身がパブリックスペースの変革に生涯をかけて取り組む契機でもありました。

このことを含め、プレイスメイキングが生まれた背景や考え方について、フレッド・ケント氏のドキュメンタリー『The Place Man』(2024) の中で語られています。日本語字幕付きで YouTube 上に無料公開されているので、視聴すると本書の理解もより深まることと思います。

　アースデイのエピソードは、パブリックスペースから社会システムの課題にアプローチする一例といえるでしょう。大事なことは、プレイスメイキングにおいては何といっても目の前の実践が重要であるということです。その積み重ねが、空間や社会の変化につながっていきます。

分野を超え、プレイスメイキングに取り組む人々

　では、このように裾野が広がるプレイスメイキングに取り組んでいるのはどんな人なのか、サミットの例に話を戻して見てみましょう。

　もちろん、表に示した多岐にわたるアジェンダは、すべてをひとつの専門分野で扱いきれるものではありません。都市計画またはデザイン、建築設計、ランドスケープデザイン、不動産といった領域だけに収まるものでもありません。これら以外の関係領域の例をサミット参加者のバックグラウンドから紹介すると、経済振興、アート、教育、法律、保健衛生、飲食、観光、テクノロジー、ジェンダーなど実にさまざまです。また、立場としては計画・デザイン専門職、行政、不動産デベロッパー、団体職員、研究者のほか、政治家やアーティスト、国際機関職員、ジャーナリストなど、こちらも多様です。

　ここから見てとれるように、複数の分野や立場の協働を重視するのが、プレイスメイキングの特徴といえるでしょう。

場所に応じたローカライズと変わらない本質

　ここまで、世界的なサミットでのアジェンダや参加者像を紹介してきました。これまで述べた傾向がありつつも、一方で国と地域によってプレ

イスメイキングがローカライズされていっている点にも触れておきます。

　プレイスメイキングに関わるテーマは拡大していますが、国や地域、あるいは個々の取り組みによって何が重要かは当然異なります。本稿で紹介したアジェンダに含まれないものもあるかもしれません。読者の皆さんにお伝えしたいことは、さまざまな地域コミュニティのニーズに、プレイスメイキングの考え方を活かせる可能性があるということです。ぜひそのような発想で、本書を活用していただければと思います。

　本書では PPS による基本的なプロセスやツールおよびテクニックが紹介されていますが、プレイスメイキングが各地に広まるにつれ、さまざまな派生形やローカル版も生まれています。例えば、Placemaking Europe ではウェブサイト上に「Toolbox」というページを設け、有用な手法を数多く紹介しています。英語ですが、本書の内容と組み合わせて補足的に使えるものが見つかるかもしれません。Placemaking Japan でも、本書で紹介されているプレイス・ゲームの実施やプレイス・ビジョンの策定を日本で行う際の助けとなるよう、UR 都市機構と共同で「プレイスメイキング・ガイド」シリーズを作成し、無償でウェブ公開（https://placemakingjapan.com/guide/）しています。本書の補助資料としてぜひ活用ください。

　プレイスメイキングの分野的、地理的な広がりはこれからも増していき、新たなツールやテクニックも生まれてくるでしょう。それでも変わらないのは、本書の前半で述べられている 11 の原則の部分です。もしかすると、実践の中ではプロセスや手法が思ったようにいかないこともあるかもしれません。そんな時には、原則の部分に立ち返ってみてください。実践に照らしてみると、新たな気づきが得られると思います。このハンドブックを繰り返し開くことで魅力的なプレイスの誕生につながれば、望外の喜びです。

参考文献
★ 1 ｜ PlacemakingX「Global Placemaking Summit 2023」ウェブサイト（https://www.placemakingx.org/summit23）

略歴

【著】

プロジェクト・フォー・パブリックスペース（Project for Public Spaces）
アメリカ・ニューヨークを拠点とする非営利団体。プレイスメイキングの概念・プロセス・手法の普及に努め、人々がコミュニティの力でパブリックスペースを創造するための支援活動を行う。1975年にフレッド・ケント氏らによって立ち上げられ、ニューヨークのブライアントパークやデトロイト中心市街地などで、数々のパブリックスペースの再生や変革に大きな影響を与えてきた。HP: www.pps.org

【訳・解説】

泉山塁威（いずみやま・るい）
都市戦術家、日本大学理工学部建築学科准教授、一般社団法人ソトノバ共同代表理事。1984年北海道札幌市生まれ。博士（工学）。2015年明治大学大学院博士後期課程修了。上記所属ほかに一般社団法人エリアマネジメント・ラボ共同代表理事、PlacemakingX日本リーダー。専門は都市計画、都市デザイン、都市経営、エリアマネジメント、パブリックスペース、タクティカル・アーバニズム、プレイスメイキング、ウォーカブルシティなどの研究・教育・実践・情報発信。編著書に『パブリックスペース活用事典　図解 公共空間を使いこなすための制度とルール』『タクティカル・アーバニズム　小さなアクションから都市を大きく変える』『エリアマネジメント・ケースメソッド　官民連携による地域経営の教科書』（いずれも学芸出版社）など。HP：http://ruiizumiyama.jp/

田村康一郎（たむら・こういちろう）
一般社団法人ソトノバ共同代表理事、株式会社クオル・チーフディレクター、東京理科大学非常勤講師、PlacemakingX日本リーダーなど。1985年宮崎県生まれ。東京大学工学部卒業、同大学院新領域創成科学研究科修士課程修了。海外都市・交通計画コンサルタントを経て、プラットインスティテュート都市計画・環境大学院プレイスメイキング専攻修士課程修了。2020年より現職。共編著に『タクティカル・アーバニズム　小さなアクションから都市を大きく変える』（学芸出版社、2021）。

一般社団法人ソトノバ
2015年創設。2018年より一般社団法人となる。屋外・パブリックスペース系スタートアップ。ウェブメディアを中心に、ソトノバ・コミュニティ、ラボ、プロジェクト、スタジオなどの多様なプラットフォームを展開。近年では、屋外パブリックスペースに関わるビジョニング、社会実験、調査、エリアマネジメント、プレイスメイキングのプロジェクトも展開。メディア：https://sotonoba.place/　ソトノバ・コミュニティ：https://community.sotonoba.jp/

秋元友里（あきもと・ゆり）

一般社団法人ソトノバ・ディレクター、ソトノバ・ライター、山十四造園 庭師、日本大学理工学部客員研究員。1996 年神奈川県生まれ。東京都市大学都市生活学部卒業、同大学院環境情報学研究科修士課程修了。大学在学中にオーストラリア留学を経験。2022 年よりソトノバにて、プレイスメイキングに関するプロジェクトの運営やコンサルティング業務に従事。

小仲久仁香（こなか・くにか）

ソトノバ・アソシエイツ。SOWER 共同代表。1991 年愛知県生まれ。関西学院大学総合政策学部卒業、京都大学大学院アジア・アフリカ地域研究研究科東南アジア地域研究専攻（博士課程一貫）修士号取得退学。開発コンサルタントとして発展途上国における都市の計画策定、事業実施支援に関わり、その後独立。現在はインドネシアの居住地を中心にまちづくりの事業を企画・実施。

田邉優里子（たなべ・ゆりこ）

ニューヨーク、横浜の設計事務所を経て現在はプロジェクトマネージャーとしてグローバル企業の開発・建設プロジェクトに携わる。2019 年から Placemaking JAPAN メンバーとして、Placemaking Week JAPAN の企画運営やプレイス・ゲームの研究開発、海外連携に関わる。

原田爽一朗（はらだ・そういちろう）

建築家、一級建築士。2015 年より隈研吾建築都市設計事務所、2024 年より Bjarke Ingels Group New York に勤務。国内、海外の様々な建築・都市デザインプロジェクトに携わる。2024 年コロンビア大学大学院 GSAPP 都市計画プログラムを修了。

プレイスメイキング・ハンドブック
パブリックスペースを魅力的に変える方法

2025 年 3 月 1 日　第 1 版第 1 刷発行

著　者………プロジェクト・フォー・パブリックスペース
訳・解説者…泉山塁威、田村康一郎、一般社団法人ソトノバ
訳　者………秋元友里、小仲久仁香、田邉優里子、原田爽一朗

発行者………井口夏実
発行所………株式会社学芸出版社
　　　　　　京都市下京区木津屋橋通西洞院東入
　　　　　　電話 075-343-0811　〒 600-8216
　　　　　　http://www.gakugei-pub.jp/
　　　　　　info@gakugei-pub.jp
編集担当……神谷彬大

アートディレクション……見増勇介（ym design）
装　丁……… 鈴木茉弓（ym design）
ＤＴＰ……… 岡本章大（編集と設計）
印刷・製本… シナノパブリッシングプレス

Ⓒ泉山塁威 ほか 2025　Printed in Japan
ISBN 978-4-7615-2920-8